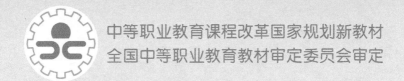

中等职业教育课程改革国家规划新教材
全国中等职业教育教材审定委员会审定

金属加工与实训
——钳工实训

主　编　杨　冰　温上樵
参　编　陈　炳　李德富
　　　　陶建东　侯佑宁
主　审　果连成　陈海魁

U0255834

机 械 工 业 出 版 社

本书是中等职业教育课程改革国家规划新教材，是根据教育部于2009年发布的《中等职业学校金属加工与实训教学大纲》，同时参考国家职业标准中级工具钳工的考核要求编写的。本书以钳工基本技能任务为引领，通过5个综合项目，讲述了錾、锯、锉、螺纹加工、常用工量具使用等钳工技能。

本书在内容上，贯彻“循序渐进”、“少而精”及“以例代理”和“以图代理”的原则，有利于学生自学和教师授课。本书在结构上，从中职学生基础能力出发，遵循专业理论的学习规律和技能的形成规律，按照由易到难的顺序，设计一系列项目（任务），使学生在任务引领下学习钳工技能及相关的理论知识，以避免理论教学与实践相脱节。本书在形式上，通过［问题］、［注意］、［说明］以及下划线等形式，引导学生思考，突出关键部分和重点、难点。为便于教学，本书配套有视频等教学资源，选择本书作为教材的教师可来电（010－88379375）索取，或登录www.cmpedu.com网站，注册、免费下载。

本书可作为中等职业学校机械类和近机类各专业实训教材，也可以作为培训机构和企业的培训教材，以及相关技术人员的参考用书。

图书在版编目(CIP)数据

金属加工与实训——钳工实训/杨冰，温上樵主编.—北京：机械工业出版社，2010.4（2024.7重印）
中等职业教育课程改革国家规划新教材
ISBN 978-7-111-29766-6

Ⅰ.①金… Ⅱ.①杨…②温… Ⅲ.①金属加工-高等学校：技术学校-教材②钳工-高等学校：技术学校-教材 Ⅳ.①TG

中国版本图书馆CIP数据核字(2010)第025465号

机械工业出版社(北京市百万庄大街22号 邮政编码100037)
策划编辑：崔占军 王佳玮 责任编辑：王莉娜
封面设计：姚 毅 责任校对：李秋荣 责任印制：常天培
固安县铭成印刷有限公司印刷
2024年7月第1版第14次印刷
184mm×260mm · 7.25印张 · 176千字
标准书号：ISBN 978-7-111-29766-6
定价：29.80元

电话服务
客服电话：010-88361066
010-88379833
010-68326294

网络服务
机 工 官 网：www.cmpbook.com
机 工 官 博：weibo.com/cmp1952
金 书 网：www.golden-book.com
机工教育服务网：www.cmpedu.com

封底无防伪标均为盗版

中等职业教育课程改革国家规划新教材
出版说明

为贯彻《国务院关于大力发展职业教育的决定》（国发〔2005〕35号）精神，落实《教育部关于进一步深化中等职业教育教学改革的若干意见》（教职成〔2008〕8号）关于“加强中等职业教育教材建设，保证教学资源基本质量”的要求，确保新一轮中等职业教育教学改革顺利进行，全面提高教育教学质量，保证高质量教材进课堂，教育部对中等职业学校德育课、文化基础课等必修课程和部分大类专业基础课教材进行了统一规划并组织编写，从2009年秋季学期起，国家规划新教材将陆续提供给全国中等职业学校选用。

国家规划新教材是根据教育部最新发布的德育课程、文化基础课程和部分大类专业基础课程的教学大纲编写，并经全国中等职业教育教材审定委员会审定通过的。新教材紧紧围绕中等职业教育的培养目标，遵循职业教育教学规律，从满足经济社会发展对高素质劳动者和技能型人才的需要出发，在课程结构、教学内容、教学方法等方面进行了新的探索与改革创新，对于提高新时期中等职业学校学生的思想道德水平、科学文化素养和职业能力，促进中等职业教育深化教学改革，提高教育教学质量将起到积极的推动作用。

希望各地、各中等职业学校积极推广和选用国家规划新教材，并在使用过程中，注意总结经验，及时提出修改意见和建议，使之不断完善和提高。

教育部职业教育与成人教育司

中等职业教育课程改革国家规划新教材
编审委员会

主　任：陈晓明

副主任：鲍风雨　邓国平　胡明钦　贾　涛　李宗义　刘振兴　史益大
张中洲　朱　琦

委　员：曹振平　陈　凯　陈　礁　陈玉明　丁金水　冯国强　盖雪峰
高小霞　戈志强　官荣华　韩亚兰　何安平　霍伟国　冀　文
姜春梅　孔晓华　李飞宇　李国瑞　李景明　李　丽　李雪春
李贞权　林娟玲　凌翠祥　龙善寰　马　彦　马永祥　茆有柏
莫坚义　潘昌义　任国兴　苏福业　孙海军　唐政平　田永昌
王军现　王亮伟　王双荣　王雪亘　王玉章　汪小荣　吴光明
夏晓冬　肖鸿光　肖少兵　熊良猛　徐　涛　徐晓光　杨伟桥
于洪水　游振荣　赵　霞　赵贤民　赵易生　赵志军　张新启
张艳旭　张玉臣　张志坚　钟肇光　周　平　周兴龙　朱国苗
朱劲松　朱惠敏　朱求胜

（排名不分先后）

前　言

为贯彻《国务院关于大力发展职业教育的决定》精神，落实《教育部关于进一步深化中等职业教育教学改革的若干意见》关于“加强中等职业教育教材建设，保证教学资源基本质量”的要求，确保新一轮中等职业教育教学改革顺利进行，全面提高教育教学质量，保证高质量教材进课堂，教育部对中等职业学校德育课、文化基础课等必修课程和部分大类专业基础课教材进行了统一规划并组织编写。本书是中等职业教育课程改革国家规划新教材之一，是根据教育部于2009年发布的《中等职业学校金属加工与实训教学大纲》编写的。

本书具有以下特点：

1. 本书符合新大纲要求，吸收了先进的教改经验。教材的编写思路为：以钳工基本技能任务为引领，以国家职业标准工具钳工四级的考核要求为基本依据，通过项目形式，讲述钳工知识，练习钳工基本技能。

2. 在结构上，本书从职业学校学生基础能力出发，遵循专业理论的学习规律和技能的形成规律，按照由简到难的顺序，设计一系列项目（任务），在任务引导下学习钳工技能及相关的理论知识，易于理实一体教学，避免教学与实践相脱节。

3. 在内容上，本书贯彻“循序渐进”、“少而精”的原则，有利于学生自学和教师授课。知识、技能的学习要求遵循认知规律，在不同水平层次重复，螺旋式上升。

4. 在表达上，“以例代理”和“以图代理”。图例约占全书近一半篇幅，实训时易于按图操作。

5. 在形式上，通过［问题］、［注意］、［说明］等形式突出重点和难点，引导学生思考，培养学生的思维能力和创新意识；以下划线的形式，突出教学内容的关键点。

使用本书时，建议安排专用实训周进行教学，时间为2～4周。

本书由南京市莫愁中等专业学校杨冰和南京信息职业技术学院温上樵主编，南京市江宁职业技术教育中心陈炳、湖北荆州市高级技工学校李德富、南京市职业教育教学研究室陶建东、南汽集团侯佑宁高级技师参加编写。其中，李德富编写项目一，杨冰编写项目二，陶建东、侯佑宁编写了项目三，温上樵编写项目四，陈炳编写项目五。本书经全国中等职业教育教材审定委员会审定，由陈海魁高级工程师、果连成高级讲师主审。教育部评审专家、主审专家在评审及审稿过程中对本书内容及体系提出了很多中肯的建议，在此对他们表示衷心的感谢！为便于教学，本书配套有视频等教学资源，选择本书作为教材的老师可来电（010-88379201）索取，或登录www.cmpedu.com网站，注册、免费下载。

职业教育课程改革国家规划新教材的编写工作是一项全新的工作。由于没有成熟经验借鉴，也没有现成模式套用，尽管我们尽心竭力，遗憾之处在所难免，敬请读者批评指正。

编　者

目　录

项目一 钳工基本工、量具的使用

本项目主要学习钳工基本工、量具的使用，了解钳工场地设备、安全文明生产常识，练习台虎钳的拆装与保养等技能。通过本项目的学习和训练，能够掌握台虎钳的使用、维护与保养以及游标卡尺和千分尺的读数方法。

任务一　场 地 设 备

学习目标

本任务主要学习钳工场地和设备的使用，着重熟悉台虎钳的使用与维护，了解基本安全生产常识。通过本任务的学习和训练，能够掌握钳工工、量具的摆放和台虎钳的维护。

相关知识

一、钳工实习场地和相关设备

钳工实习场地一般分为 钳工工位区 、 台钻区 、 划线区 和 刀具刃磨区 等区域。各区域由黄线分隔而成，区域之间留有 安全通道 。图 1-1 所示为钳工实习场

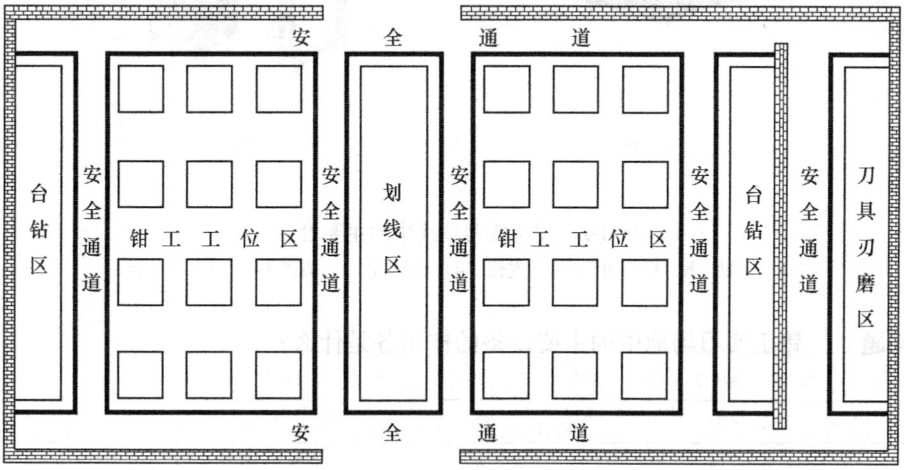

图 1-1　钳工实习场地平面图

地的平面图。

［**注意**］　在钳工实习场地中走动时，要在安全通道内。

场地中的主要设备如图 1-2 所示，有 台钻 、 平口钳 、 台虎钳 、 砂轮机 、 划线平板 和 钳工台 等。

a)　b)　c)　d)　e)　f)

图 1-2　钳工实习场地中的主要设备

a）台钻　b）平口钳　c）台虎钳　d）砂轮机　e）划线平板　f）钳工台

［**问题**］　钳工实习场地中的主要设备的作用各是什么？

答： 台钻用于钻孔；平口钳用于钻孔时夹持工件；台虎钳用于工作时夹持工件；砂轮机用于刃磨刀具；划线平板主要用于划线；钳工台是钳工操作平台，台虎钳被固定在其上面。

［**注意**］　在钳工实习场地中要避开或远离回转工作设备的回转工作面。

二、工量具的摆放

工作时，钳工工具一般都放置在台虎钳的___右侧___，量具则放置在台虎钳的___正前方___，如图1-3所示。

［注意］

① 工、量具不得___混放___。

② 摆放时，工具的柄部均不得超出钳工台面，以免被碰落砸伤人员或损坏工具。

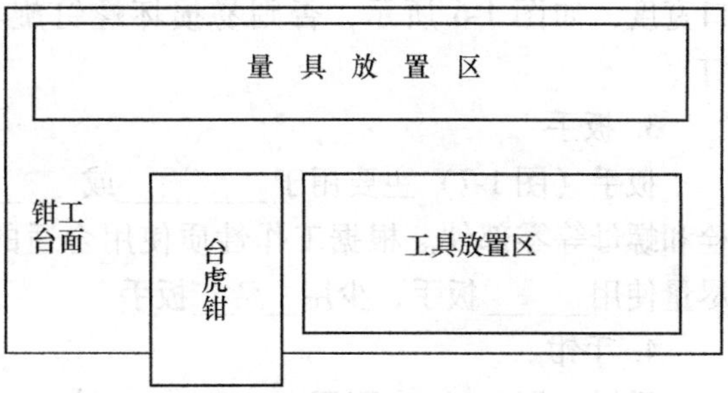

图1-3　工、量具摆放的示意图

［说明］

① 工具均平行摆放，并留有一定间隙。

② 工作时，量具均平放在量具盒上。

③ 量具数量较多时，可放在台虎钳的___左侧___。

三、钳工的常用工具

1. 锤子

锤子分为___硬___锤头和___软___锤头两类。前者一般为钢制；后者一般由铜、塑料、铅、木材等材料制成。常见锤子的种类如图1-4所示。

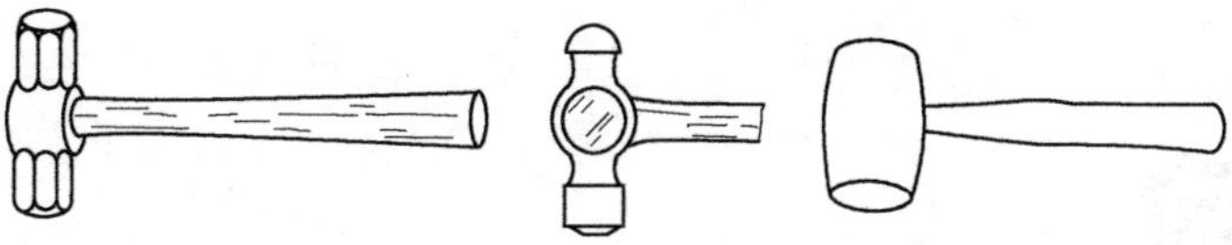

a)　b)　c)

图1-4　锤子

a）扁头锤　b）圆头锤　c）木锤

［注意］　锤头的软硬选择，要根据工件材料及加工类型决定。例如，錾削时使用___硬锤头___；装配和调整时，一般使用___软锤头___。

2. 螺钉旋具

螺钉旋具（图1-5）主要用于___旋紧___或___松脱___螺纹联接件。

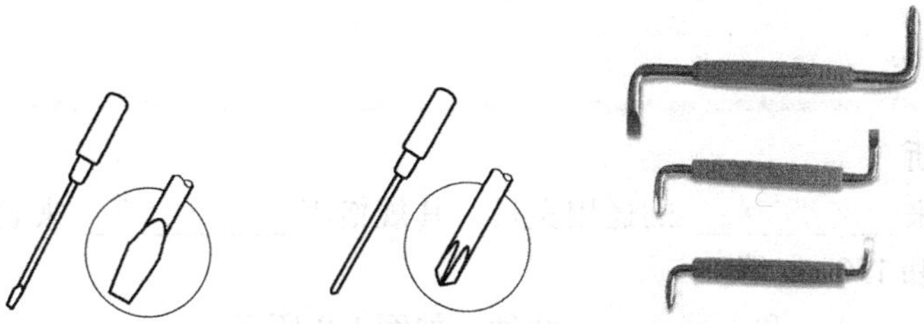

a)　b)　c)

图1-5　部分螺钉旋具

a）一字头螺钉旋具　b）十字头螺钉旋具　c）曲柄螺钉旋具

[注意]　要根据螺钉的尺寸选择螺钉旋具的刀口宽度，如图 1-6 所示，否则易损坏螺钉旋具或螺钉。

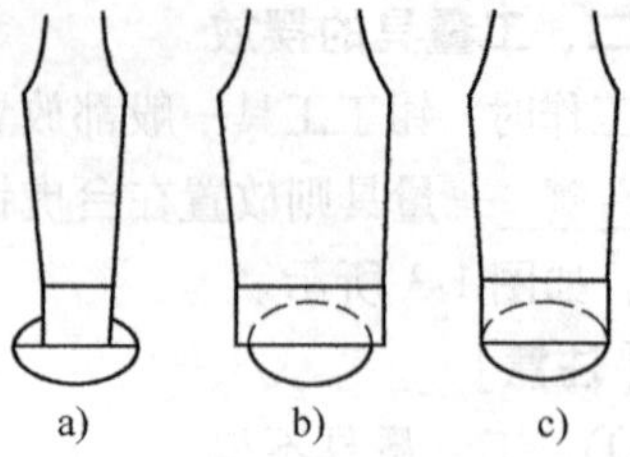

图 1-6　螺钉旋具的使用宽度

a）刀口宽度　太窄　b）刀口宽度　太宽　c）刀口宽度　合适

3. 扳手

扳手（图 1-7）主要用于＿旋紧＿或＿松脱＿螺栓和螺母等零部件。根据工作性质使用合适的扳手，尽量使用＿呆＿扳手，少用＿活＿扳手。

4. 手钳

手钳（图 1-8）主要用来＿夹持＿工件。

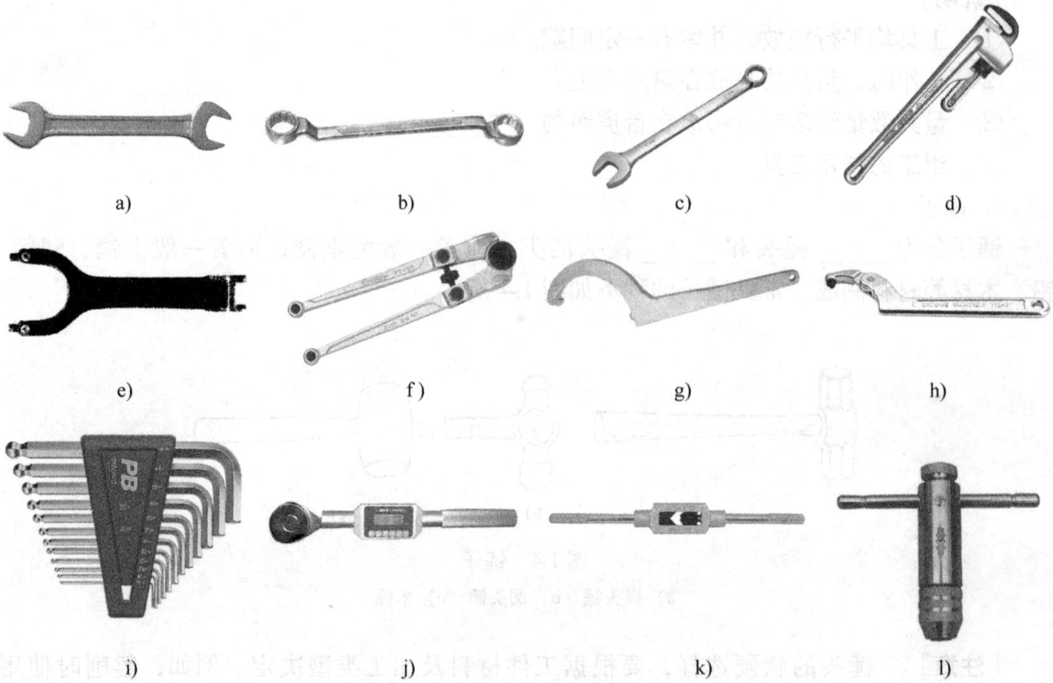

图 1-7　各种扳手

a）呆扳手　b）梅花扳手　c）组合式扳手　d）管子钳　e）U 形缩紧扳手　f）可调 U 形扳手　g）钩头缩紧扳手　h）可调钩头缩紧扳手　i）内六角扳手　j）指针式扭力扳手　k）普通铰杠　l）丁字铰杠

技能训练

一、技术分析

台虎钳是用来＿夹持工件＿的通用夹具，其规格用＿钳口宽度＿来表示，常用规格有 100mm、125mm 和 150mm 等。

台虎钳有＿固定式＿和＿回转式＿两种，如图 1-9 所示。

[问题]　固定式台虎钳和回转式台虎钳的主要结构和应用有何不同？

答：回转式台虎钳比固定式台虎钳多了一个底座，工作时钳身可在底座上回转；回转式台虎钳使用方便、应用范围广，可满足不同方位的加工需要。

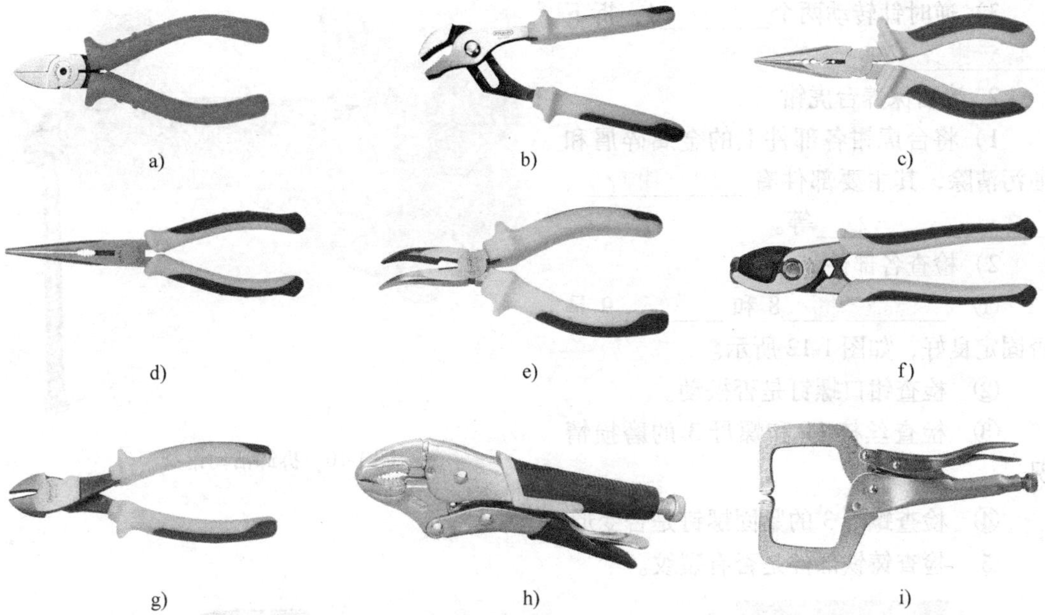

图 1-8　各种手钳

a）鱼嘴钳　b）水泵钳　c）圆头尖嘴钳　d）直尖嘴钳　e）弯尖嘴钳

f）克丝钳　g）剪钳　h）大力钳　i）C 形钳口大力钳

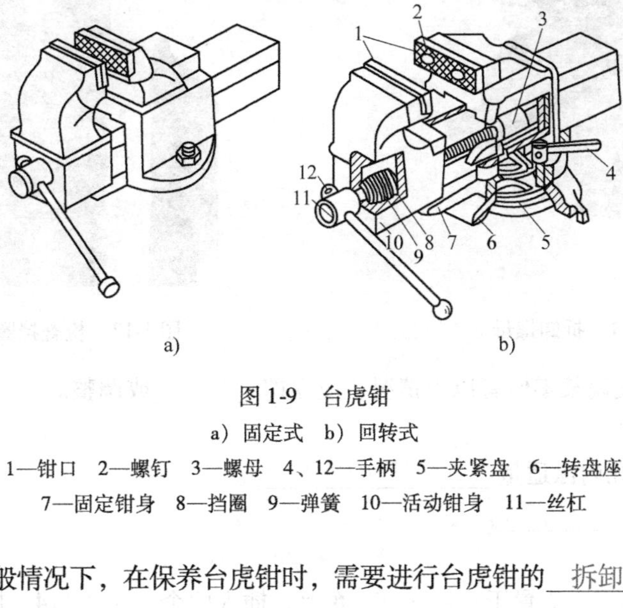

图 1-9　台虎钳

a）固定式　b）回转式

1—钳口　2—螺钉　3—螺母　4、12—手柄　5—夹紧盘　6—转盘座

7—固定钳身　8—挡圈　9—弹簧　10—活动钳身　11—丝杠

［**说明**］　一般情况下，在保养台虎钳时，需要进行台虎钳的＿拆卸＿和＿安装＿操作。

二、操作要求

1. 拆卸台虎钳

拆卸步骤如下：

1）逆时针转动＿手柄＿12，拆下＿活动钳身＿10，如图 1-10 所示。

［**注意**］　当活动钳身移至图 1-10 所示位置时，需用手托住其底部，以防止活动钳身突然掉落，造成其损坏或砸伤操作者。

2）拆去螺母 3 上的紧固螺钉，卸下螺母 3，如图 1-11 所示。

3）逆时针转动两个 手柄 4，拆下 固定钳身 7。

2. 清洁保养台虎钳

1）将台虎钳各部件上的金属碎屑和油污清除，其主要部件有 固定钳身 、螺母 、丝杠 等。

2）检查各部件

① 检查挡圈 8 和 弹簧 9 是否固定良好，如图 1-12 所示。

② 检查钳口螺钉是否松动。

③ 检查丝杠 11 和螺母 3 的磨损情况。

图 1-10 拆卸活动钳身

④ 检查螺母 3 的紧固螺钉是否变形或有裂纹。

⑤ 检查铸铁部件是否有裂纹。

图 1-11 拆卸螺母

图 1-12 检查挡圈和弹簧

［**注意**］ 若发现某零件有以上情况，应立即 更换 或调整。

3）保养各部件

① 螺母 3 的孔内涂适量 凡士林（黄油） 。

② 钢件上涂 防锈油 。

3. 组装台虎钳

1）将 固定钳身 7 置于 转盘座 6 上，插入两个 手柄 4，顺时针旋转，固定 固定钳身 7，如图 1-13 所示。

［**注意**］ 固定钳身上左右两孔应分别对准夹紧盘 5 上的螺孔。

2）安装螺母 3，旋紧螺母 3 上的紧固螺钉，如图 1-14 所示。

3）将 活动钳身 10，推入固定钳身 7 中，顺时针转动 手柄 12，完成活动钳身的安装。

［**注意**］ 当活动钳身 10 推入固定钳身 7 中，需用手托住其底部，以防止活动钳身突

然掉落，造成其损坏或砸伤操作者。

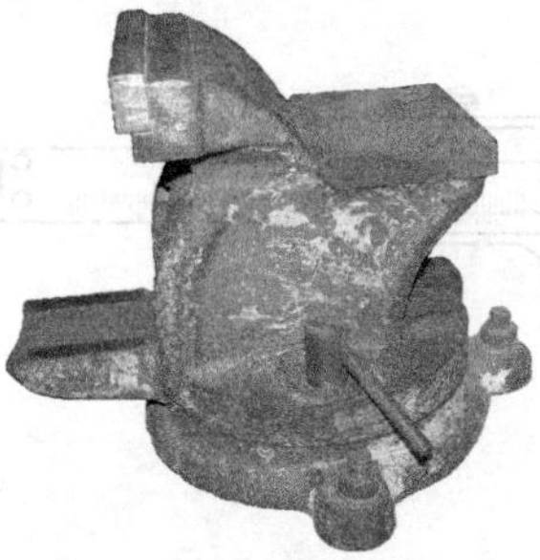

图 1-13　安装固定钳身

图 1-14　安装螺母

三、注意事项

1）拆装活动钳身时，需要注意防止其突然掉落。

2）对拆卸后的部件应进行检查，有损伤部件，应及时修复或更换。

3）对各移动、转动、滑动部件进行清洁和润滑处理等维护。

4）拆下的部件沿单一方向顺序放置，注意排放整齐；安装时，逆着拆卸时的顺序，后拆的部件先装。

5）维护保养完成后，必须将工作台打扫干净。

任务二　钳工基本量具的使用

学习目标

本任务主要学习钳工基本量具的选择与使用，练习游标卡尺、千分尺的使用。通过本任务的学习和训练，能够掌握游标卡尺、千分尺的读数方法。

相关知识

一、金属直尺

金属直尺是一种简单的__测量__工具和划直线的__导向__工具。

二、游标卡尺

1）如图 1-15 所示，游标卡尺是__中等__精度的量具，可测量工件的__外径__、__孔径__、__长度__、__宽度__、__深度__和__孔距__等尺寸。

2）读数步骤

① 读出游标上零线左侧尺身的__毫米__整数。

② 读出__游标__上哪一条刻线与尺身刻线对齐。

③ 把__尺身__和__游标__上的尺寸相加即为测得尺寸，如图 1-16 所示。

［**说明**］

① 游标上 1 小格的读数一般有__0.02（1/50）__mm 和__0.05（1/20）__mm 两种。

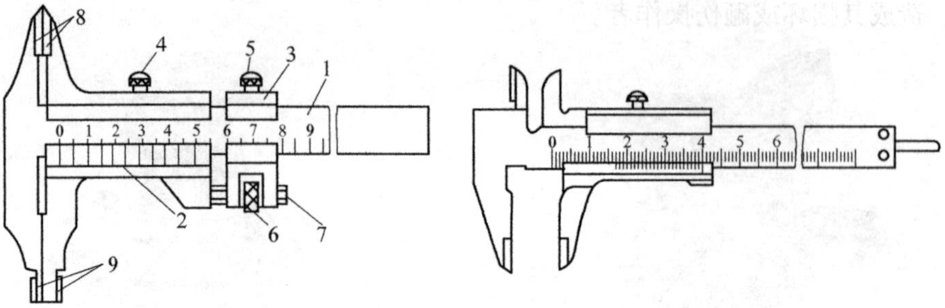

a)　　　　　　　　　　b)

图 1-15　游标卡尺

a）可微动调节的游标卡尺　b）带测深杆的游标卡尺

1—尺身（主尺）　2—游标（副尺）　3—辅助游标　4—锁紧螺钉

5—螺钉　6—微调螺母　7—螺杆　8—外测量爪　9—内测量爪

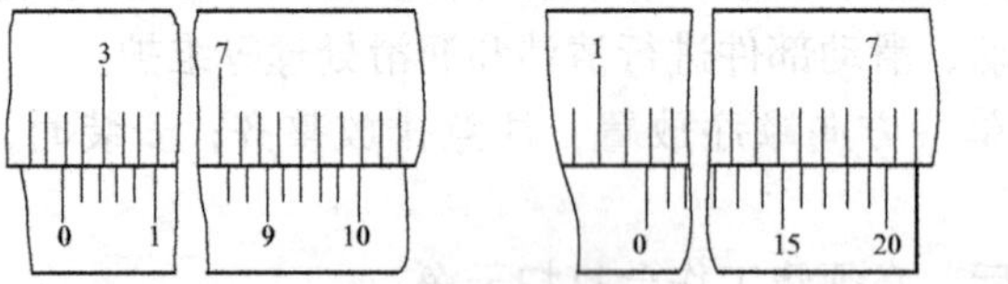

27mm+0.94mm=27.94mm　　11mm+0.90mm=11.90mm

图 1-16　游标卡尺的读数方法

② 0.02mm 游标上的所写的数字为小数点后第一位读数。

③ 0.05mm 游标上的所写的数字为当前的格数，读数时需要用格数乘以 0.05 mm。

［问题］

游标卡尺的游标读数值（俗称测量精度）是指什么？你所知道的游标卡尺游标读数值有哪几种？

答：游标卡尺的游标读数值是指该游标卡尺的最小示数，也是游标（副尺）上 1 小格的读数。常用的游标卡尺游标读数值有 0.05mm 和 0.02mm 等。

三、千分尺

1）千分尺（图 1-17）是一种 精密 量具，测量精度比游标卡尺 高 。对于加工精度要求 较高 的工件尺寸，用千分尺测量。

2）读数步骤

① 读出微分筒边缘以外，固定套筒上的 毫米 数和 半毫米 数。

② 看微分筒上哪一格与固定套筒上 基准线 对齐，并读出 不足 半毫米的数。

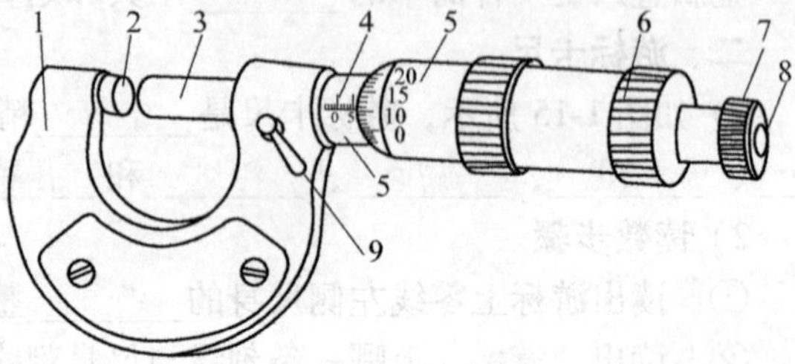

图 1-17　千分尺

1—尺身　2—固定砧座　3—测量杆　4—固定套筒（主尺）　5—微分筒（副尺）　6—活动套筒　7—棘轮棘爪装置　8—螺钉　9—锁紧手柄

③　把两个读数 相加 即为测得尺寸，如图 1-18 所示。

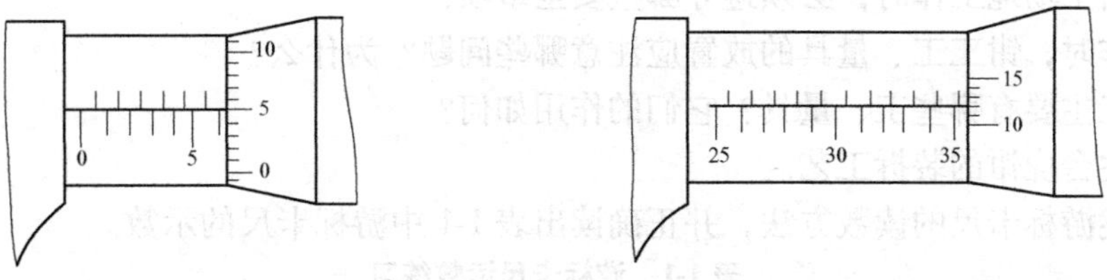

6mm+0.05mm=6.05mm　　　　35.5mm+0.12mm=35.62mm

图 1-18　千分尺的读数方法

[注意]

①　当千分尺的半毫米线紧贴微分筒边缘时，读数易错。如果微分筒上读数为“0”以上的较小数字，应判断为半毫米线能读出；如微分筒上读数为“0”以下的较大数字，表示半毫米线不能被读出。

②　游标卡尺与千分尺由于精度、读数效率等方面的差异，一般分别作为半精加工和精加工用的量具。

[问题]　千分尺的测量精度是指什么？其数值是多少？

答：千分尺的测量精度是指该千分尺的最小示数，也是微分筒上 1 小格的读数。千分尺的测量精度为 0.01mm。

四、量具的维护和保养

测量前应把量具和工件的测量面 擦 干净，减少量具 磨损 ，以免影响 测量 精度。使用时不要和 工具、刀具 放在一起。使用完毕，及时 擦净 、 涂油 ，以免生锈。发现精密量具不正常时，应 交送专业部门检修 。

技能训练

一、技术分析

1）游标卡尺读数的毫米数由游标的“0”刻度线位置确定。

2）千分尺读数的毫米数和半毫米数由微分筒的边沿位置确定。

3）剩余读数由尺身、游标上或固定套筒基准线、微分筒上所对齐的刻线确定。

4）游标卡尺尺身、游标刻线对齐时，可看到其左右两侧的刻线也基本对齐。

二、操作要求

1）测量前，必须去掉工件的毛刺并擦净被测表面。

2）测量前必须擦净游标卡尺的测量爪或千分尺的砧座。

3）测量时尺身与被测尺寸轴线方向平行。

4）测量面与被测量面的接触力要适中。

三、注意事项

1）有的游标卡尺的主尺上每 1 大格数字用厘米表示，读数时注意转化成毫米。

2）常用千分尺的测量范围一般为 0 ~ 25mm。

3）要求零件尺寸精度为 0.01mm 时，不能用游标卡尺测量。

思考与练习

1. 在钳工场地工作时，必须遵守哪些安全事项？
2. 工作时，钳工工、量具的放置应注意哪些问题？为什么？
3. 钳工主要有哪些工、量具？它们的作用如何？
4. 简述台虎钳的装拆工艺。
5. 简述游标卡尺的读数方法，并正确读出表 1-1 中游标卡尺的示数。

表 1-1　游标卡尺读数练习

14mm + 0. 35mm = 14. 35mm

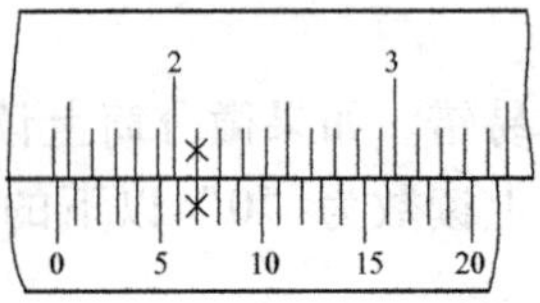

60mm + 0. 05mm = 60. 05mm

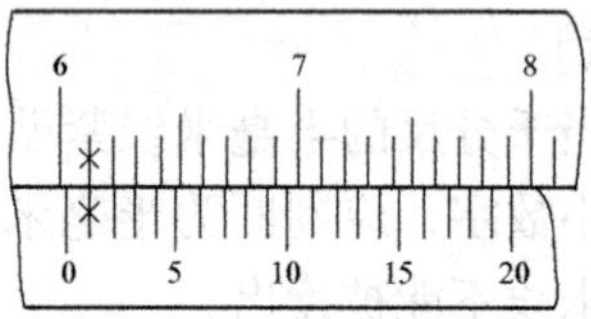

22mm + 0. 50mm = 22. 50mm

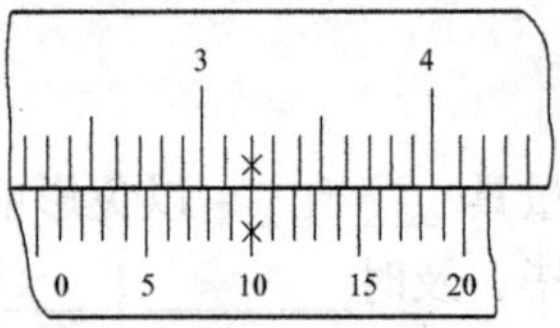

4mm + 0. 14mm = 4. 14mm

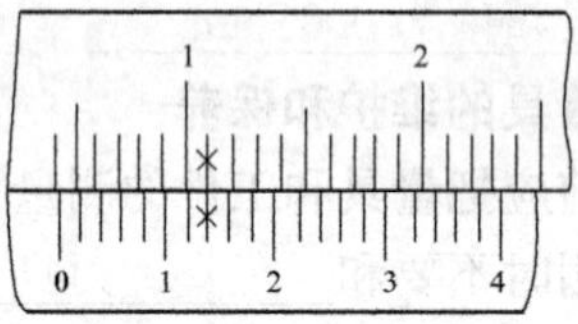

27mm + 0. 94mm = 27. 94mm

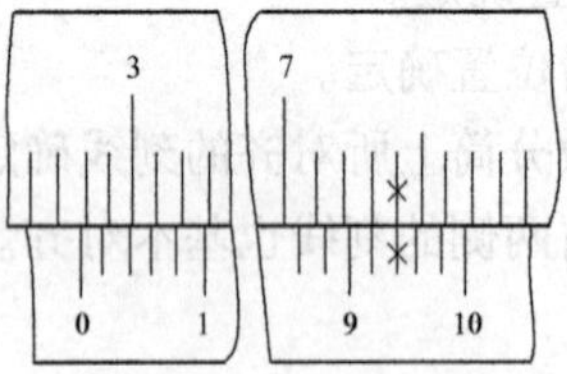

21mm + 0. 50mm = 21. 50mm

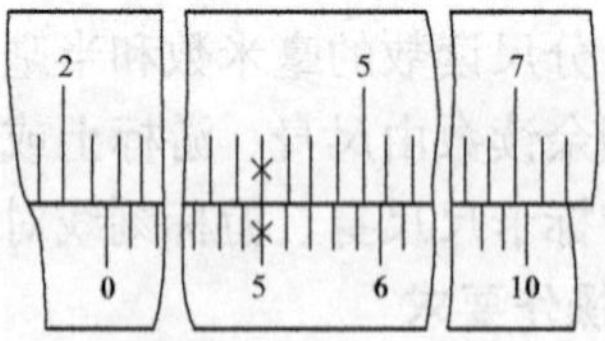

26mm + 0. 84mm = 26. 84mm

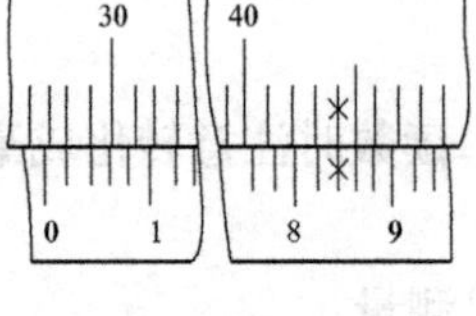

21mm + 0. 40mm = 21. 40mm

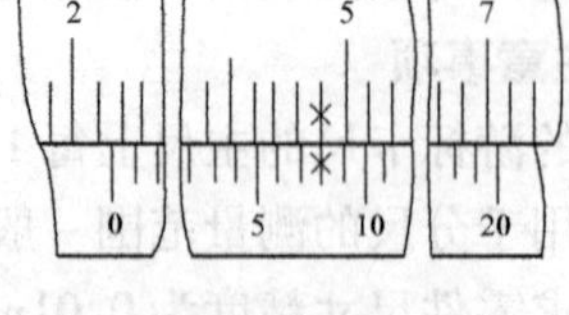

6. 简述千分尺的读数方法，并正确读出表 1-2 中千分尺的示数。

表 1-2　千分尺读数练习

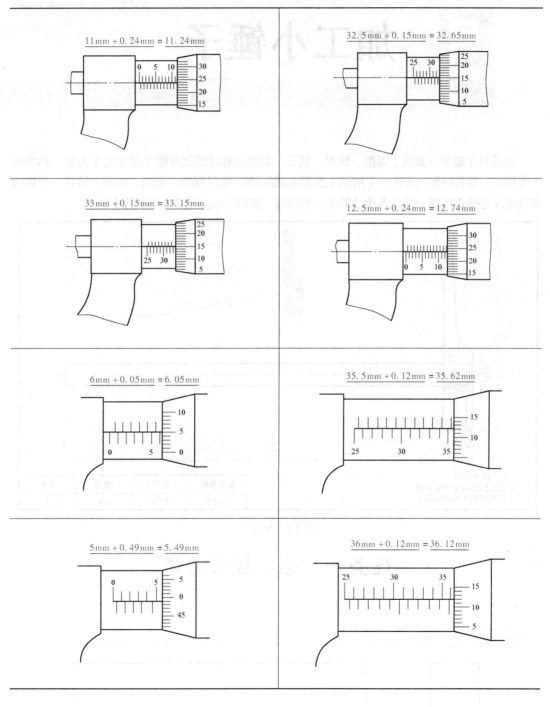

11mm + 0.24mm = 11.24mm 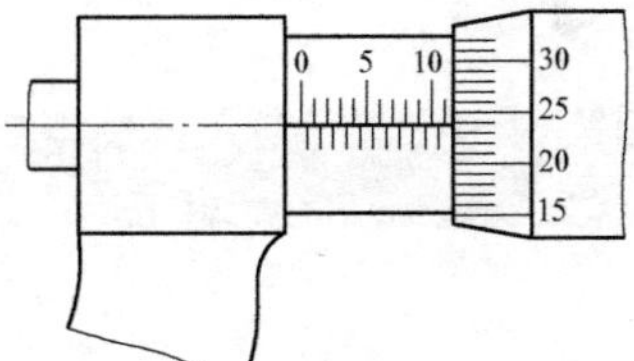	32.5mm + 0.15mm = 32.65mm 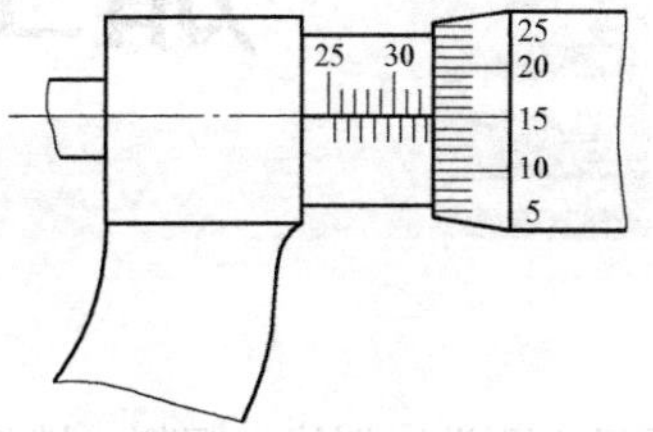
33mm + 0.15mm = 33.15mm 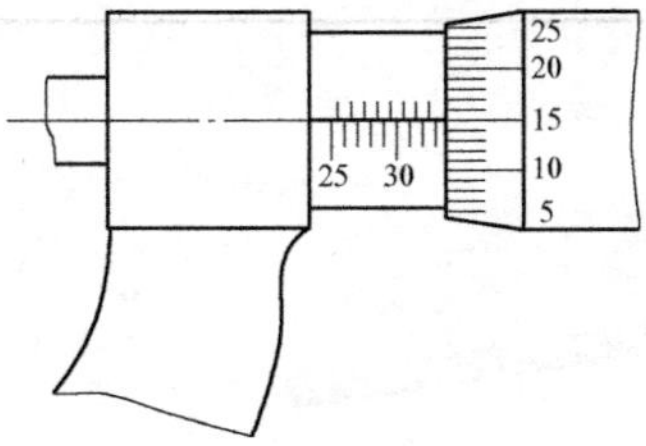	12.5mm + 0.24mm = 12.74mm 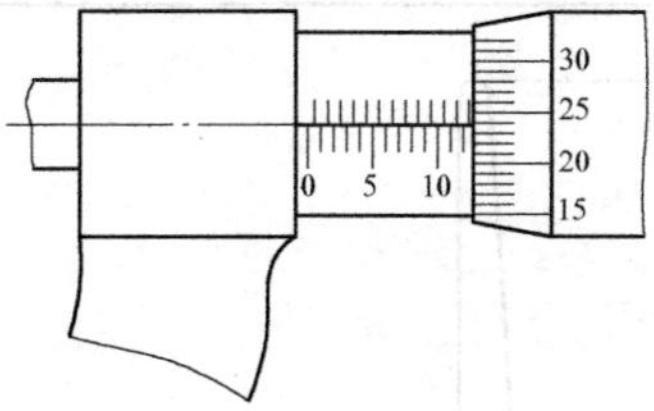
6mm + 0.05mm = 6.05mm 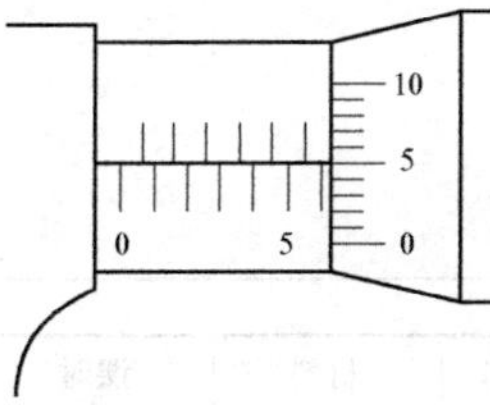	35.5mm + 0.12mm = 35.62mm 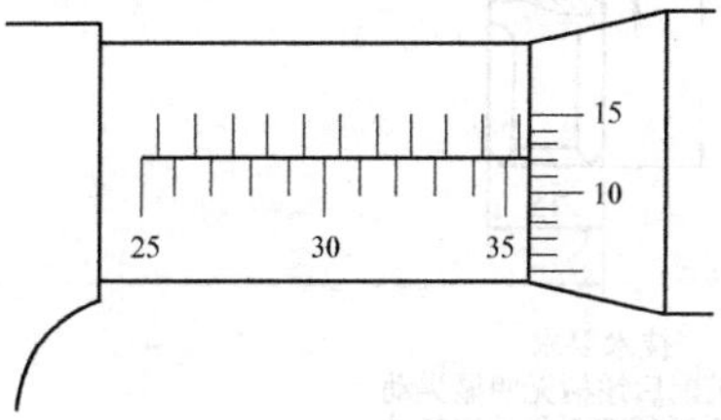
5mm + 0.49mm = 5.49mm 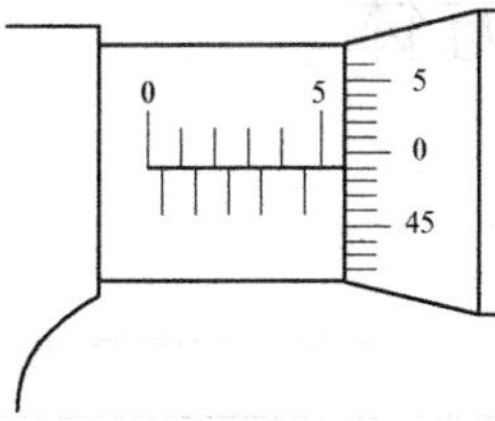	36mm + 0.12mm = 36.12mm 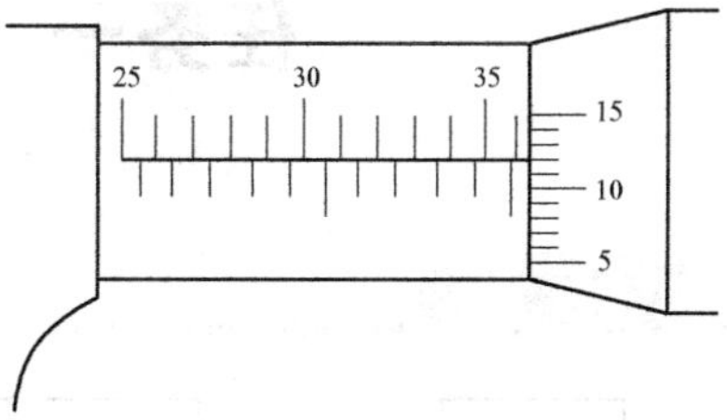

项目二　加工小锤子

本项目主要学习划线、锯削、锉削、钻孔、套螺纹和攻螺纹等钳工基本加工方法，熟悉钳工常用工、量具的使用方法，了解钳工装配基础知识，练习划线、锯削、锉削、钻孔、套螺纹和攻螺纹等操作技能。通过本项目的学习和训练，能够完成如图 2-1 所示的小锤子。

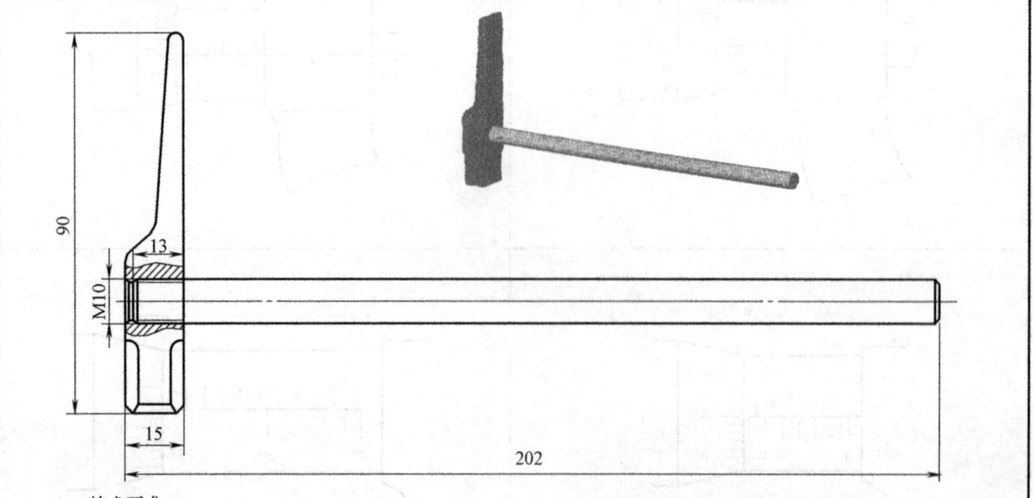

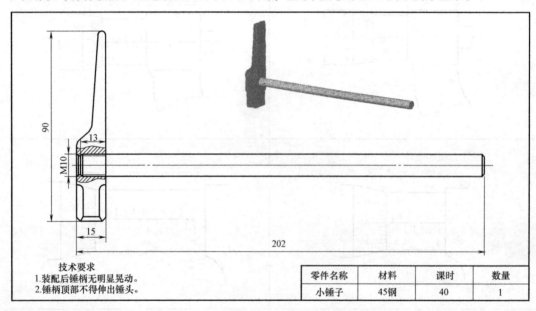

技术要求
1.装配后锤柄无明显晃动。
2.锤柄顶部不得伸出锤头。

零件名称	材料	课时	数量
小锤子	45钢	40	1

图 2-1　小锤子

任务一　锯、锉长方体

零件图

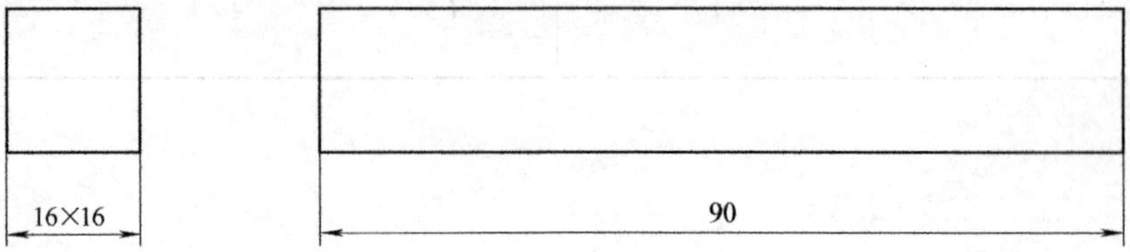

图 2-2　长方体

学习目标

本任务主要学习划线、锯削、锉削方法和游标卡尺、千分尺、刀口形直尺、直角尺和塞尺等量具的测量方法，练习划线、锯削、锉削和基本测量技能。通过本任务的学习和训练，能够完成如图2-2所示的零件。

相关知识

一、毛坯材料

毛坯为 ϕ30mm × 90mm 的圆钢（两端面为车削面，无需加工）。

材料为45钢，这是一种常见的 优质碳素结构 钢。

钢中所含杂质较 少 ，常用来制造比较重要的机械零部件，一般需要经过 热处理 改善性能。

优质碳素结构钢的牌号用 两 位数字表示，此数字表示钢的平均含碳量（质量分数）的 万 分数。例如，45钢表示 碳的质量分数为0.45%的优质碳素结构钢 。

二、划线、锯削、锉削的工具

（1）划线工具　所谓划线，是根据 图样 或实物的尺寸，在 毛坯 或 工件 上用 划线 工具划出加工 轮廓线 和点的操作。

1）平板（图2-3）用来安放工件，在工作面上完成 划线 过程，其材料一般为 铸铁 。使用时应保持工作面 水平 ，各处应 均匀 使用，以防止局部磨损。

2）V形铁（图2-4）用来安放 圆形 工件，或当靠铁使用。

3）样冲（图2-5）用于在工件线条上打 样冲眼 ，作为加强 界限 标志和划 圆弧 或 钻孔 时的定位中心。

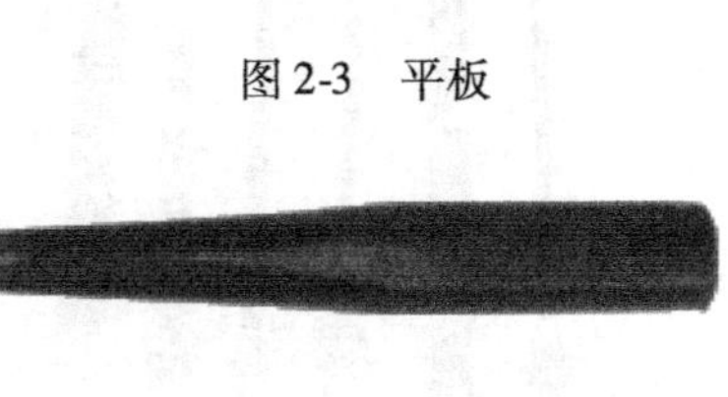

图2-3　平板

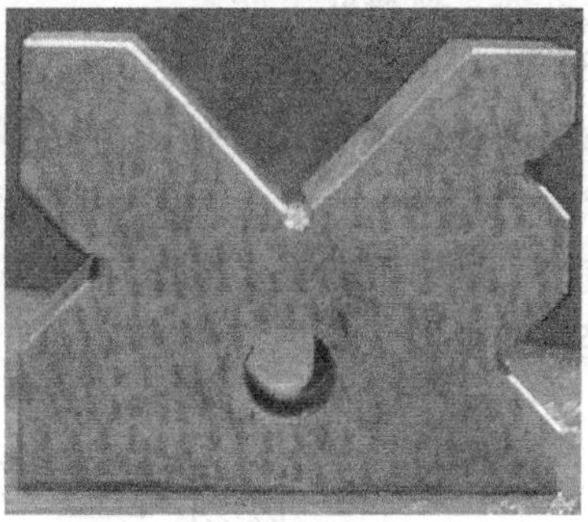

图2-4　V形铁

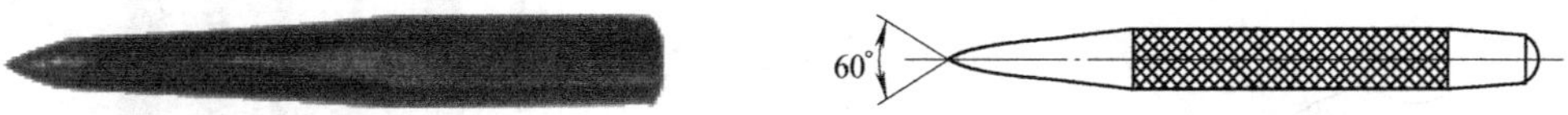

a)　　b)

图2-5　样冲

a）样冲实物　b）样冲图形

4）高度游标卡尺（图2-6）是精密的 量具 和 划线工具 ，既可测量 高度尺寸，又可用量爪直接划线（图 2-7）。

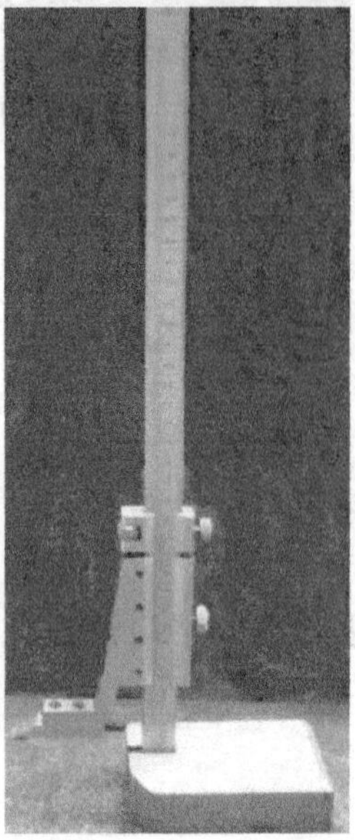

图 2-6　高度游标卡尺

图 2-7　用高度游标卡尺划平行线

（2）锯削工具　锯削是用手锯对工件或材料进行分割的一种切削加工方法，是钳工的主要操作方法之一，如图 2-8 所示。

锯削的工具是手锯，手锯由锯弓和锯条组成。锯弓用于安装锯条，锯条用来直接锯削材料或工件。

（3）锉削工具　锉削是用锉刀对工件表面进行切削加工，使工件达到零件图样所要求的形状、尺寸和表面粗糙度的加工方法，是钳工的主要操作方法之一。

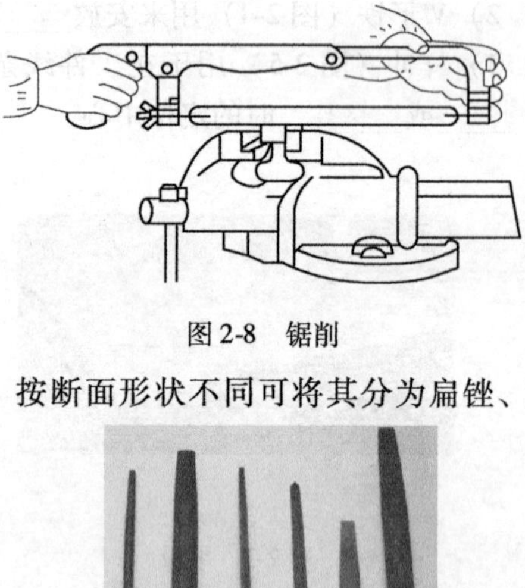

图 2-8　锯削

锉削的主要工具是各种锉刀，如图 2-9 所示。按断面形状不同可将其分为扁锉、方

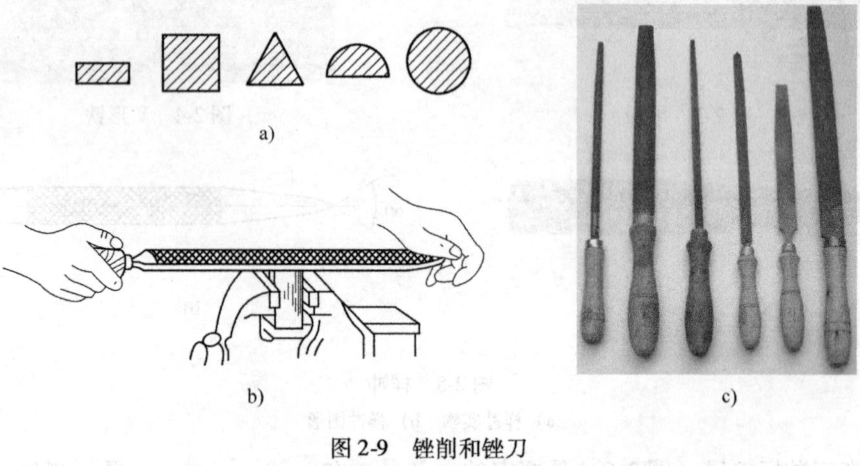

a)　b)　c)

图 2-9　锉削和锉刀

a）锉刀断面　b）锉削　c）锉刀

锉、三角锉、半圆锉和圆锉等，如图 2-9a 所示。

三、游标卡尺、千分尺、刀口形角尺、塞尺等量具的测量方法

1. 游标卡尺的使用

1）将__工件__和游标卡尺的__测量面__擦干净。

2）校准游标卡尺的__零位__。

3）测量时，外量爪应张开到略__大于__被测尺寸。

4）先将尺身量爪贴靠在__工件测量基准面__上，然后轻轻移动__游标__，使外量爪贴靠在__工件另一面__上，如图 2-10 所示。

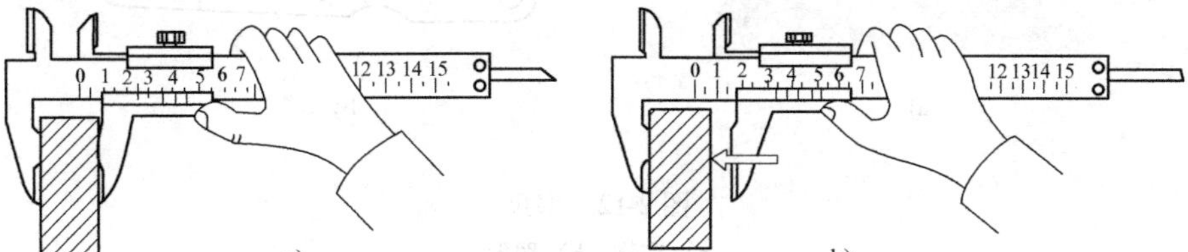

a)　　　　b)

图 2-10　游标卡尺的使用方法

2. 千分尺的使用

1）先将__工件__、千分尺的__砧座__和测微螺杆的__测量面__擦干净。

2）校准千分尺的__零位__。

3）测量时可用__单手__或__双手__操作，其具体方法如图 2-11 所示。

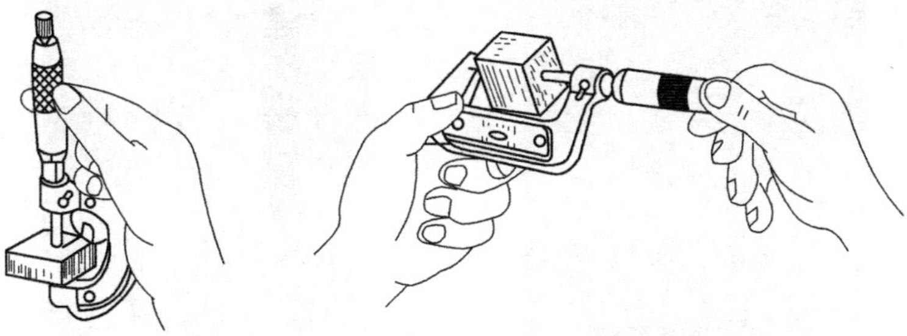

a)　　　　b)

图 2-11　千分尺的使用方法

a）单手　b）双手

旋转力要适当，一般应先旋转__微分筒__，当测量面快接触或刚接触工件表面时，再__旋转棘轮__，控制一定的测量力，当棘轮发出“哒”“哒”声时，读出读数。

3. 塞尺（图 2-12）

塞尺是用来检验两个结合面之间的__间隙__大小的片状量规。试用不同厚度的薄片插入缝隙中，能插入的最厚薄片的厚度即为间隙大小。

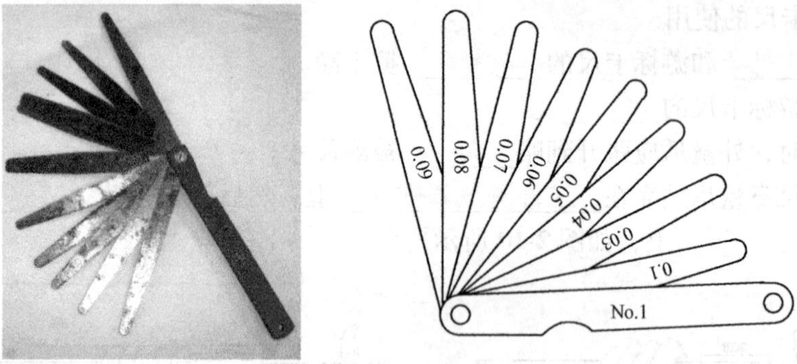

a)　　b)

图 2-12　塞尺

a）实物　b）图形

4. 直角尺（图 2-13）

直角尺可作为划__垂直__线及__平行__线的导向工具，还可找正工件在划线平板的__垂直__位置，并可检测两垂直面间的__垂直度__或单个平面的__平面__度。

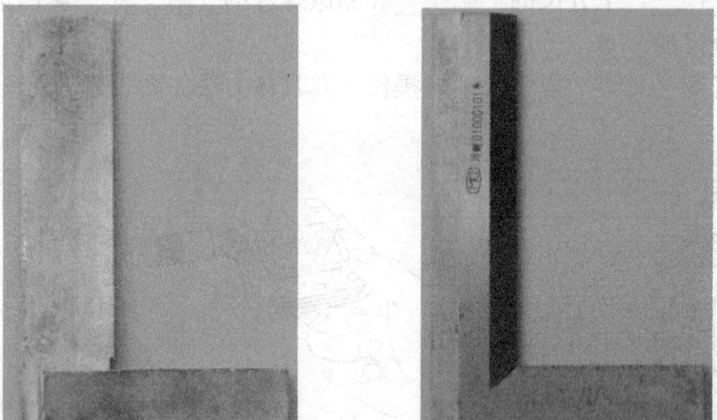

a)　　b)

图 2-13　直角尺

a）宽座直角尺　b）刀口形直角尺

测量前应把量具和工件的测量面__擦__干净，以免影响__检测__精度，减少量具__磨损__；使用时不要和__其他工、量具__放在一起；使用完毕，及时__擦净__、__涂油__，以防生锈；发现精密量具不正常时，应__交送专业部门检修__。

技能训练

一、工艺分析

1. 毛坯

尺寸 ϕ30mm × 90mm，两端面为车削表面。

2. 工艺步骤

因两端面为车削表面，无需加工，只考虑加工四个侧面。四个侧面加工顺序如图 2-14 所示。

［**注意**］在本书的加工示意图中，使用双点画线表示将要加工出的形状，用细实线强调划线。

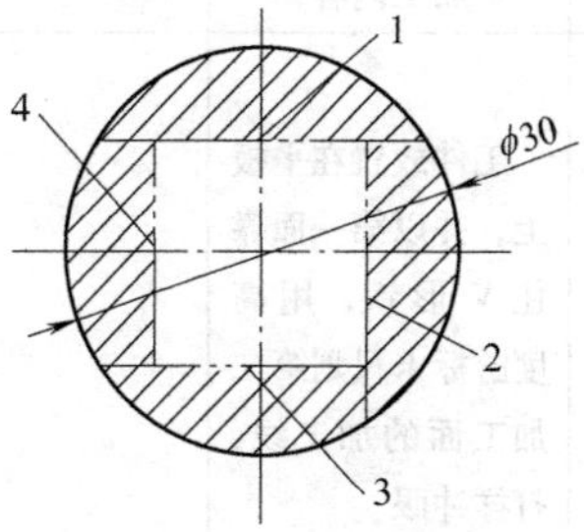

图 2-14 加工步骤

加工步骤见表 2-1。

表 2-1 锯、锉长方体工艺步骤

步骤	加工内容	图示
1	毛坯放置在 V 形铁上，用高度游标卡尺划第一加工面的加工线，并打样冲眼	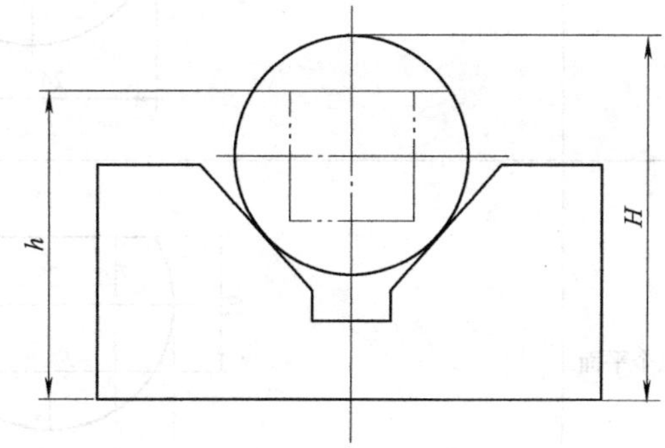
2	锯削第一个平面	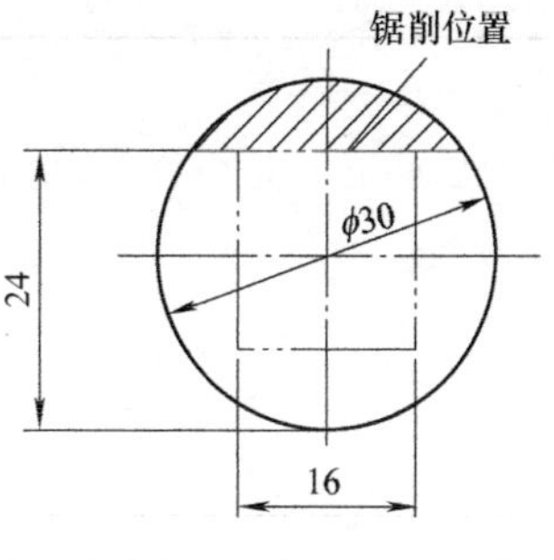
3	锉削第一个平面	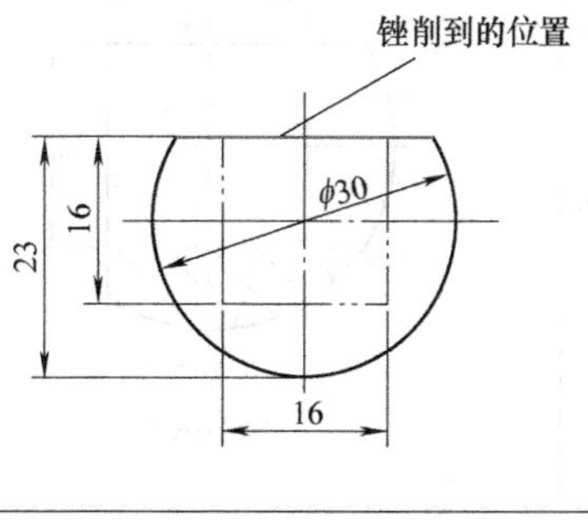

（续）

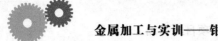

步骤	加工内容	图示
4	工件放置在平板上，并以第一面靠住V形铁，用高度游标卡尺划第二加工面的加工线，打样冲眼	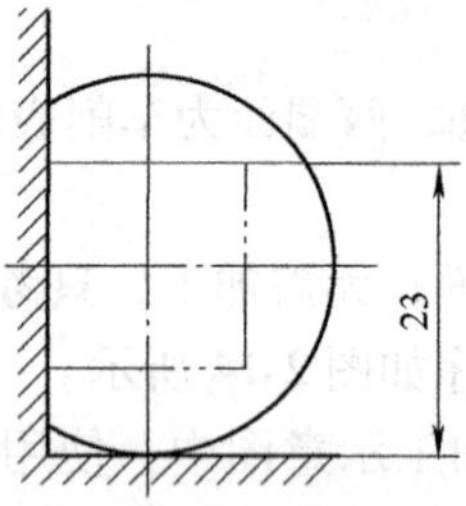
5	锯削第二个平面	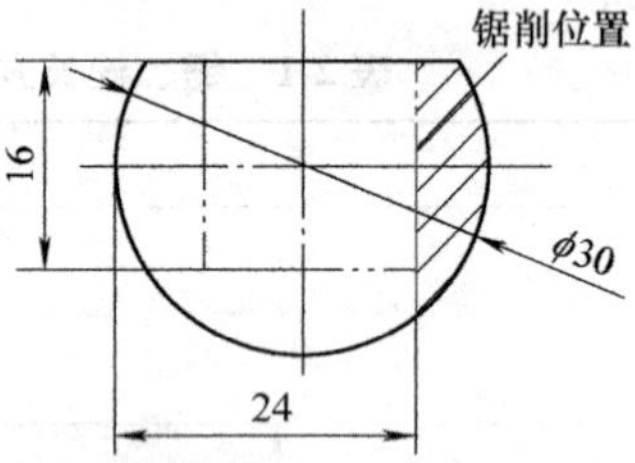
6	锉削第二个平面	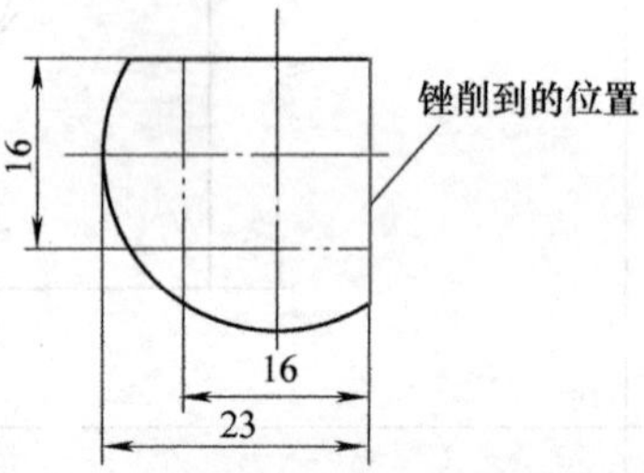
7	工件放置在平板上，用高度游标卡尺划第三、第四加工面的加工线，并打样冲眼	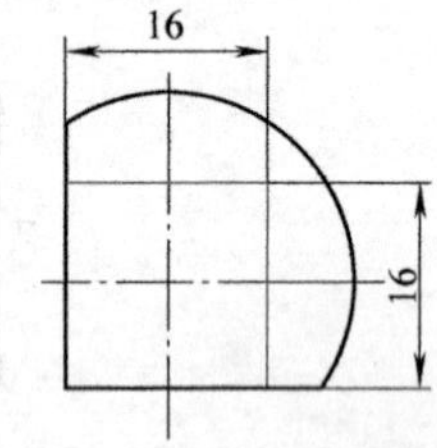
8	锯削第三个平面，锉削第三个平面	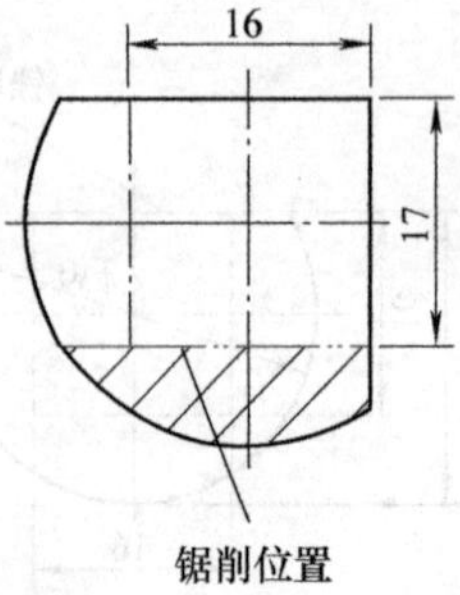 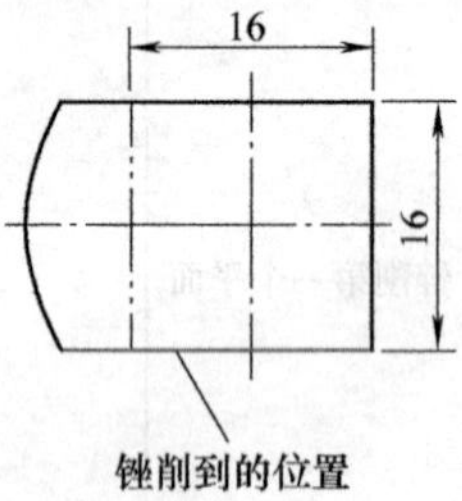

（续）

步骤	加工内容	图示	
9	锯削第四个平面，锉削第四个平面	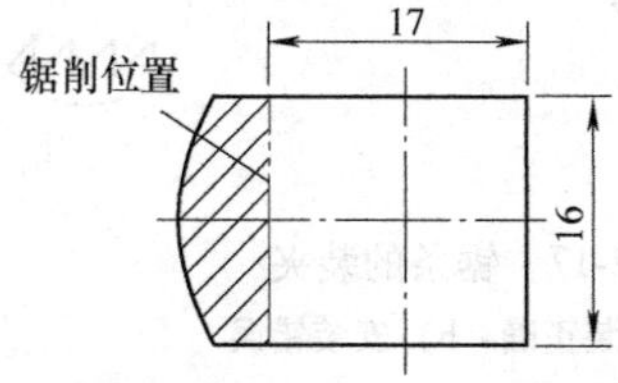	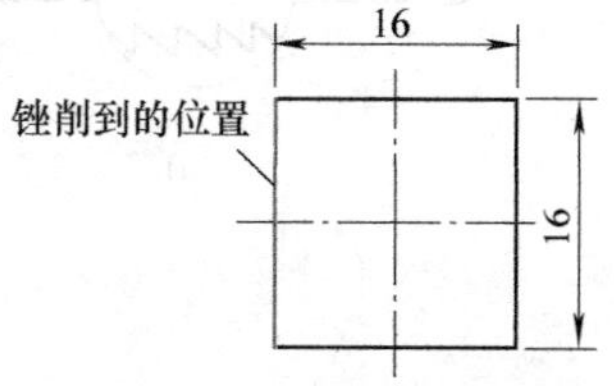

每一个面的加工都应按照先<u>划线</u>，再<u>锯削</u>，最后<u>锉削</u>的步骤。多个面加工时一定要注意锯与锉的顺序关系，在精度要求较高时，一般<u>不能先把几个面都锯好，再一次性锉削</u>。本课题加工精度较低，暂不作多面加工工艺的详细分析，但应养成良好的加工习惯，仍要求按以上加工步骤操作。

二、操作要求

1. 步骤1及步骤4中高度游标卡尺划线高度的计算方法

1）步骤1。根据图2-15，由数学知识可得

$$h = H - x,\ x = D/2 - L/2,\ D = 30\text{mm},\ L = 16\text{mm}$$

所以

$$h = H - \left(\frac{30}{2} - \frac{16}{2}\right)\text{mm} = H - 7\text{mm}$$

式中　H——游标卡尺测得工件最高点的高度值。

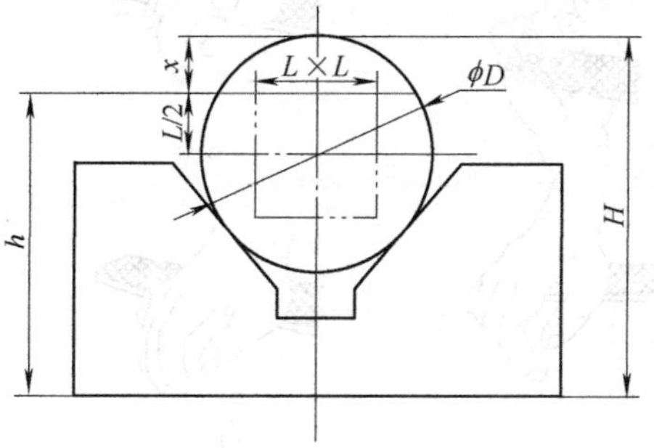

图2-15　步骤1划线高度的计算

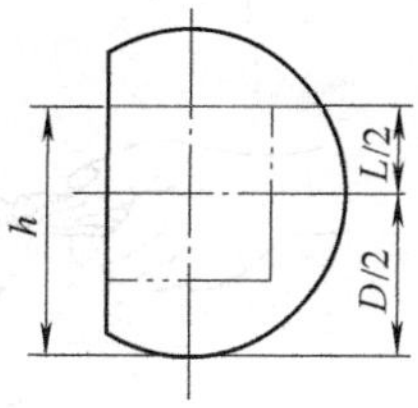

图2-16　步骤4划线高度的计算

2）步骤4。根据图2-16，由数学知识可得

$$h = D/2 + L/2,\ D = 30\text{mm},\ L = 16\text{mm}$$

所以

$$h = \frac{30}{2}\text{mm} + \frac{16}{2}\text{mm} = 23\text{mm}$$

2. 锯削操作

1）锯条的装夹如图2-17所示。

要求：

① 锯齿必须<u>向前</u>。

② 锯条松紧应<u>适当</u>，一般用手扳动锯条，感觉硬实不会发生<u>扭曲</u>即可。

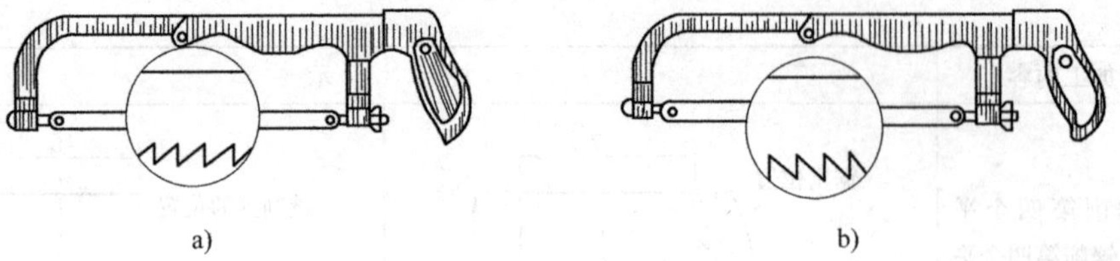

图 2-17　锯条的装夹

a）安装正确　b）安装错误

③　锯条平面应在＿锯弓＿平面内，或与锯弓平面平行。

2）工件的装夹如图 2-18 所示，锯削位置应在＿钳口外＿。

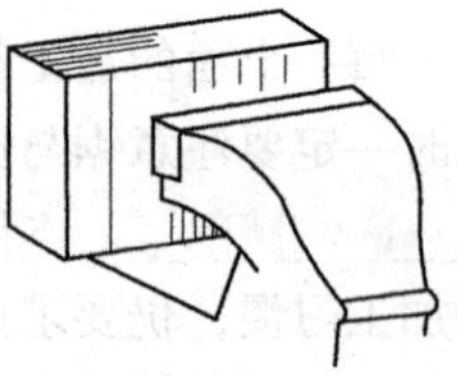

图 2-18　锯削时工件的装夹

3. 锉削操作

大锉刀的握法：用右手握锉刀柄，柄端顶住＿掌心＿，大拇指放在柄的上部，其余手指满握锉刀柄，如图 2-19 所示。左手在锉削时起＿扶稳＿锉刀、辅助锉削加工的作用。

推进锉刀时，两手加在锉刀上的压力应保持锉刀＿平稳＿，而不得上下＿摆动＿，这样才能锉出平整的平面。锉刀的推力大小主要由＿右＿手控制，而压力大小是由两手同时控制的。锉削速度应控制在每分钟＿30～60＿次。

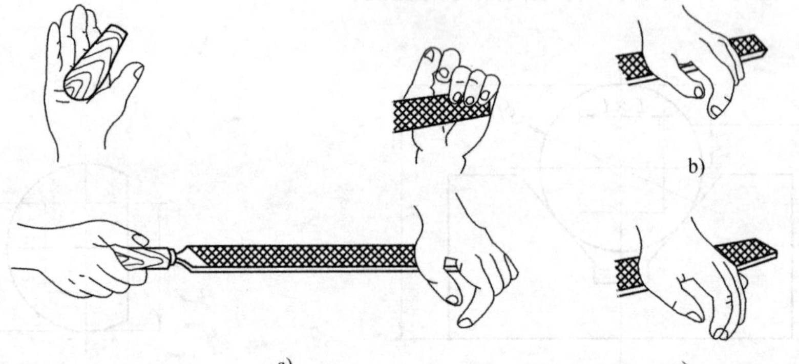

图 2-19　较大锉刀的握法

4. 控制尺寸

第一个面除了要求锉平，还应控制好平面的位置，尽量接近＿所划线＿的位置。锉削第二面时，除了第一面的要求外，应经常测量对＿第一面＿的垂直度。加工第三、四面时，除了第一面的要求外，应保证一、三面及二、四面间的尺寸均为＿（16±0.3）mm＿。

5. 经常检测

除了不断练习，提高锯、锉的质量外，还要养成经常＿测量＿的习惯，才能逐渐提高加工质量。

三、注意事项

1）步骤 1 中高度游标卡尺在 V 形铁上划线时，理论上有＿两个＿位置可以满足划线要求，如图 2-20 所示，但考虑到划线操作的方便性，只适合于在<u>　较高　</u>处划线。

2）如图 2-21 所示，高度游标卡尺划线时应尽可能划成<u>　封闭的一周　</u>，这样有利于保证锯削的准确性。

3）锯削时应留有一定的锉削余量，同时也为了避免因锯缝歪斜导致工件报废，锯缝应在<u>　所划线外　</u>。对初学者而言，一般可控制锉削余量<u>　1～2mm　</u>。

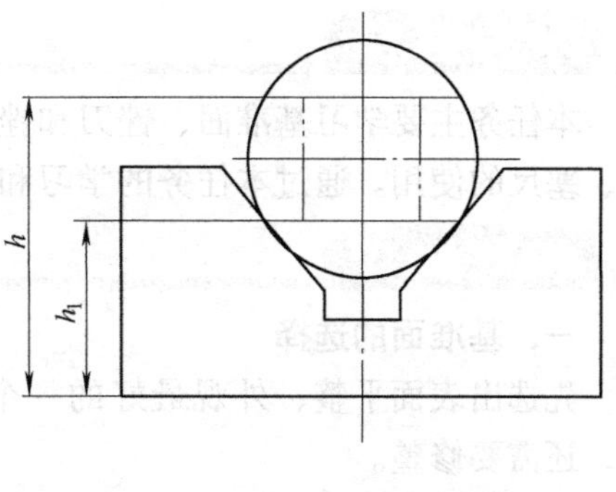

图 2-20　V 形铁上两条线位置

4）对初学者而言，往往为了“提高”速度，在锯削和锉削时加大往复运动的速度。但这样的结果是：加工质量下降，<u>　锯条和锉刀磨损加剧　</u>，<u>　容易疲劳　</u>，<u>　效率下降　</u>，技术水平无法提高。

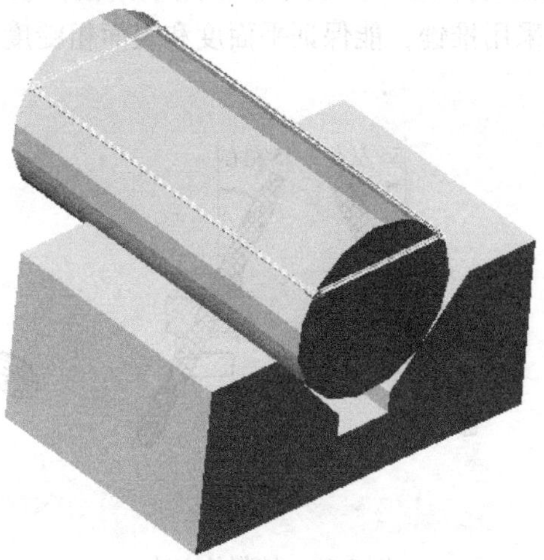

图 2-21　划线一周

任务二　精锉长方体

零件图

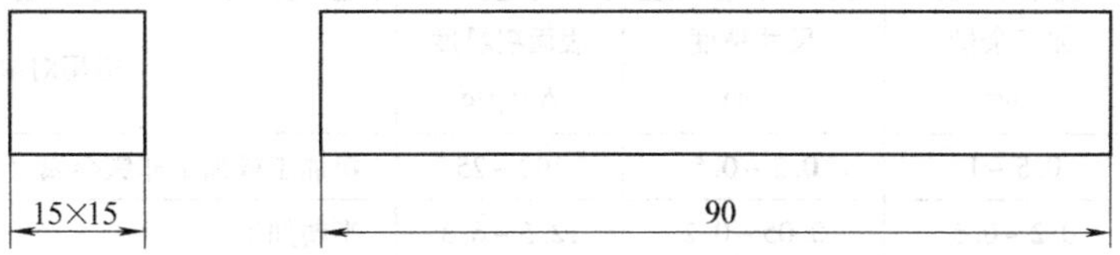

图 2-22　精锉长方体

学习目标

本任务主要学习基准面、锉刀和锉削方法的选择，练习游标卡尺、千分尺、刀口形直尺、塞尺的使用。通过本任务的学习和训练，能够完成如图 2-22 所示的零件。

相关知识

一、基准面的选择

先选出表面平整、外观最好的一个表面作为<u>基准面</u>，检查其平面度，如果不合格，还需要修整。

该基准面是测量相邻两面垂直度的依据，也是测量对面平行度的依据。

二、平面的锉削方法

采用顺向锉法时，锉刀的运动方向与工件<u>夹持方向</u>始终一致；采用交叉锉法时，锉刀运动方向与工件夹持方向约为<u>35°</u>角；当锉削狭长平面或采用顺向锉削不能达到质量要求时，可采用推锉法，如图 2-23 所示。采用顺向锉，表面粗糙度值最小；采用交叉锉，平面度最易保证；采用推锉，能保证平面度和表面粗糙度，但效率低。应根据具体情况选择合适的方法。

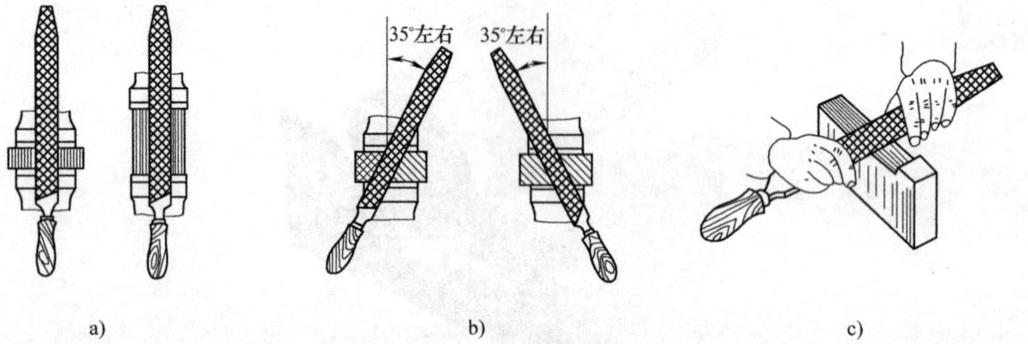

图 2-23　锉削的方法

a) 顺向锉　b) 交叉锉　c) 推锉

三、锉刀的选用

1. 锉齿的选用

一般根据工件的<u>加工余量</u>、<u>尺寸精度</u>、表面粗糙度和工件的<u>材质</u>来选择锉齿的粗细。材质软选<u>粗齿</u>锉刀；反之选锉齿<u>细</u>的锉刀。

锉齿的粗细用锉纹号来表示，锉齿越粗，锉纹号越<u>小</u>。锉齿的选用见表 2-2。

表 2-2　锉齿的选用

锉纹号	锉齿	适用场合			
		加工余量 /mm	尺寸精度 /mm	表面粗糙度 Ra/μm	适用对象
1	粗	0.5～1	0.2～0.5	100～25	粗加工或加工非铁金属（旧称有色金属）
2	中	0.2～0.5	0.05～0.2	12.5～6.3	半精加工
3	细	0.05～0.2	0.01～0.05	6.3～3.2	精加工或加工硬金属
4	油光	0.025～0.05	0.005～0.01	3.2～1.6	精加工时修光表面

2. 锉刀规格的选择

根据待加工表面的大小来选用不同规格的锉刀。一般待加工面积大和有较大加工余量的表面宜选用__长__的锉刀；反之则选用__短__的锉刀。

技能训练

一、工艺分析

1. 毛坯

任务一完成的工件（图2-2）。

2. 工艺步骤

基准面选择后，有必要时需__精修__。

加工顺序为：基准面→相邻侧面1（注意垂直度）→相邻侧面2（注意垂直度）→平行面（基准面的相对表面），如图2-24所示。

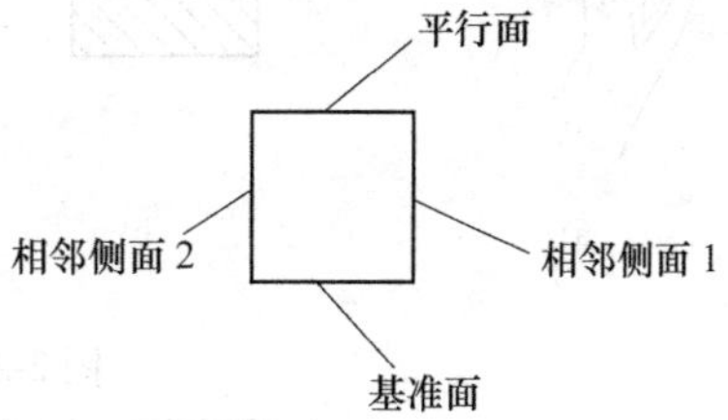

图2-24　加工顺序

二、操作要求

锉削尺寸精度达到0.3mm，平面度公差为0.2mm。

1. 保证锉削质量的方法

1）锉削姿势如图2-25所示。

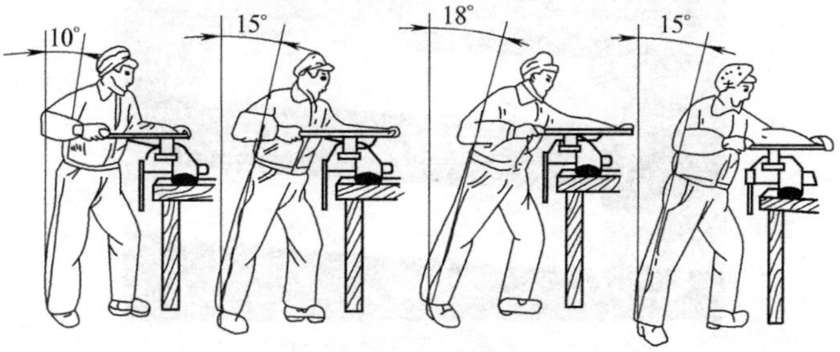

图2-25　锉削姿势

2）锉平面时的用力情况。锉削平面时，为保证锉刀运动平稳，两手的用力情况是不断变化的（图2-26）：起锉时，左手下压力较__大__，右手下压力较__小__；随即左手下压力逐渐__减小__，而右手下压力逐渐__增大__；行程即将结束时，左手下压力较

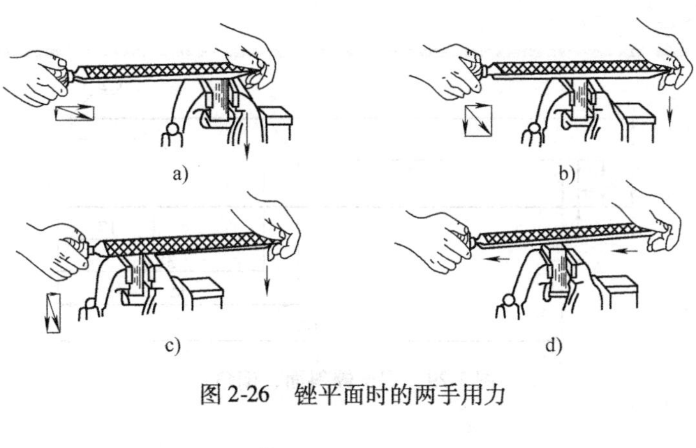

图2-26　锉平面时的两手用力

小，右手下压力较大；收回锉刀时，两手没有下压力。

2. 检测平面度

量具采用刀口形直尺或刀口形角尺，测量时应置于平面的不同位置。对着光源观察，当不能透光或是透过的光线均匀一致时，平面质量较好，如图 2-27 所示。

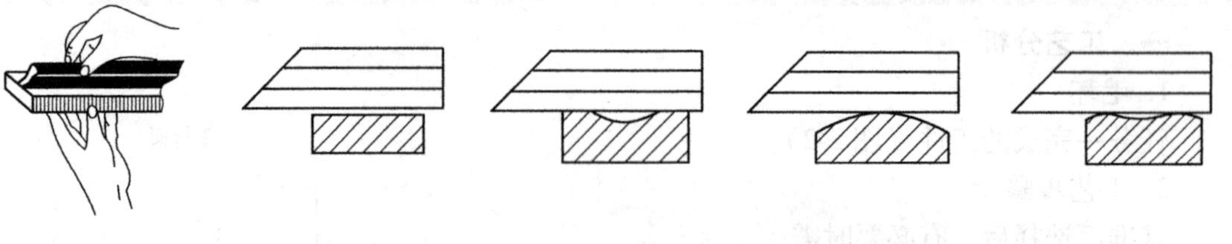

图 2-27　用刀口形直尺检测平面度

a）检测手法　b）间隙均匀　c）中间凹　d）中间凸　e）波浪型

三、注意事项

采用软钳口（铜皮或铝皮制成）保护工件的已加工表面，软钳口位置如图 2-28 所示。

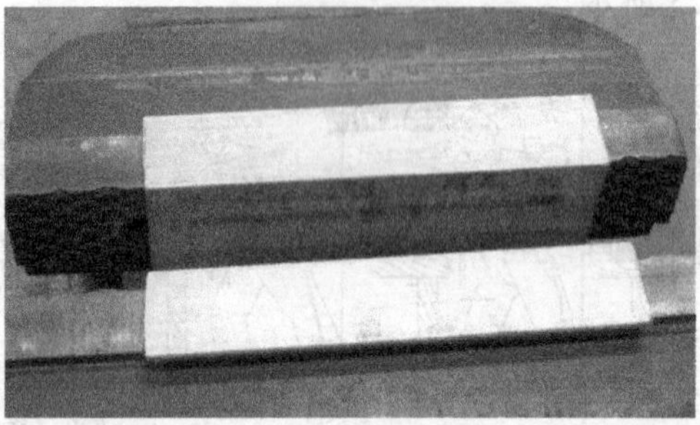

图 2-28　软钳口位置

任务三　锯、锉斜面、倒角

零件图

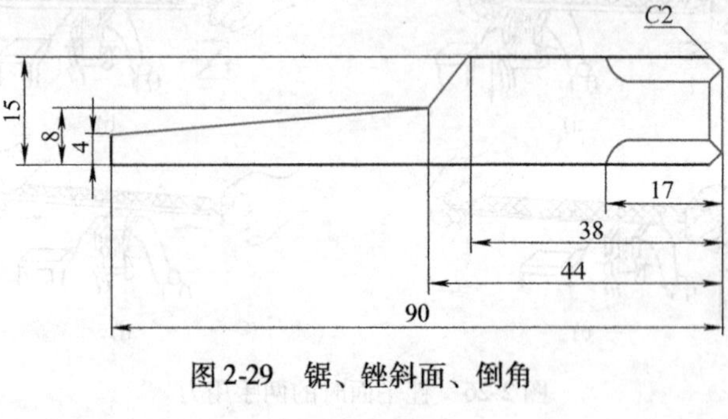

图 2-29　锯、锉斜面、倒角

学习目标

本任务主要学习通过计算坐标划线的方法，进一步练习划线、锯削、锉削技能。通过本任务的学习和训练，能够完成如图 2-29 所示的零件。

相关知识

一、立体划线

本项目划线具有比较明显的立体划线特征。

立体划线是在零件的 不同表面（通常是相互垂直的表面） 内划线。

立体划线的方法一般采用 零件直接翻转法 。一般较复杂的零件都要经过 三次或三次 以上的位置，才可能将全部线条划出，而其中特别要重视 第一划线位置的 选择。优先选择如下表面：零件上 主要的孔、凸台中心线或重要的加工面 ；相互关系 最复杂及所划线条最多 的面；零件中 面积最大 的一面。

根据零件特点，以“最复杂及所划线条最多”优先考虑，第一划线位置即为如图 2-30 所示平面，在此面划线仍按平面划线方法完成。随后翻转零件，补齐其余面中应划的线。

二、尺寸的确定

由于圆弧间的尺寸计算比较复杂，一般不用数学方法求得，可以采用 CAD 软件 查找所需坐标值，这里采用图示法求近似值。

如图 2-30 所示，通过尺寸 4mm、8mm 与 44mm 及 38mm 确定了三个点，并保证：

① 斜面位置的唯一性。

② 为下一任务锉削圆弧留有一定余量。

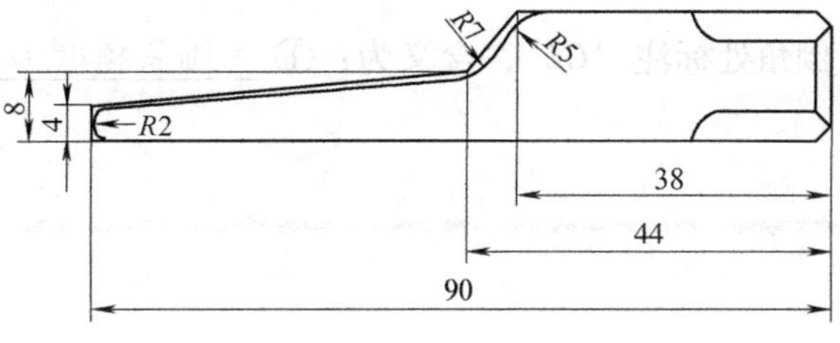

图 2-30　求确定斜面点的坐标

三、所用划线工具

1. 金属直尺

金属直尺是一种简单的 测量 工具和划直线的 导向 工具。

2. 划针（图 2-31）

划针是直接在 工件 上划线的工具，划线时应使划针向 外 倾斜 15°～20° ，同时向前进方向倾斜 45°～75° ，如图 2-31 所示。

3. 划线涂料

本任务的毛坯为钢件，表面已加工，呈银白色，划线痕迹不明显，为保证划线清晰，可在工件表面上使用涂料。常见的划线涂料有 红丹 、 石灰水 、 蓝油 和 硫酸铜溶液 等。

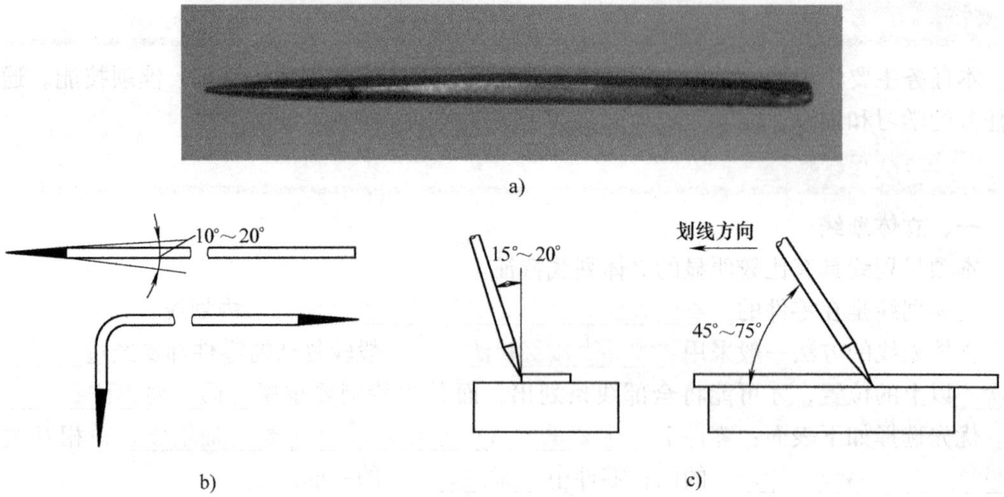

图 2-31 划针及划针的用法

a）划针 b）各种划针形状 c）划线操作

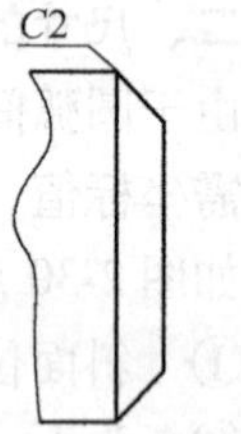

图 2-32 倒角

1）红丹又称红丹粉，粉末状四氧化三铅，一般以全损耗系统用油（俗称机油）调配使用，常用于 已加工 表面。

2）石灰水常用于 大中型 件和 铸 件毛坯上。

3）蓝油由品紫加漆片和酒精混合而成，常用于 已加工 表面。

4）硫酸铜溶液常用于形状复杂的零件或 已加工 表面。

四、倒角

如图 2-32 所示，倒角处标注“*C*2”，含义为：① 倾斜角度为 45° 。② 直角边长度 2mm 。

技能训练

一、工艺分析

1. 毛坯

任务二完成后的工件。

2. 工艺步骤

（1）划线 根据计算出的坐标值，利用高度游标卡尺划出 坐标点 ，用划针、钢直尺完成划线。

（2）锯斜面 留 0.5 mm 的余量锉削。

（3）锉斜面。

（4）划倒角线。

（5）锉削倒角。

二、操作要求

1. 划线操作

1）去毛刺。

2）擦去工件表面油污。

3）涂红丹。

除红丹外，也可以涂___蓝油___。待红丹干燥后，才可以___划线___。

2. 锯削时工件的装夹

1）工件一般夹在台虎钳的___左面___，要稳固。

2）工件伸出钳口不应___过长___，锯缝距钳口约___20___mm。

3）要求锯缝划线与钳口侧面___平行___。

因为锯削面倾斜，装夹工件时必须随之___倾斜___，使锯缝保铅垂位置，便于锯削操作。装夹位置如图2-33所示。

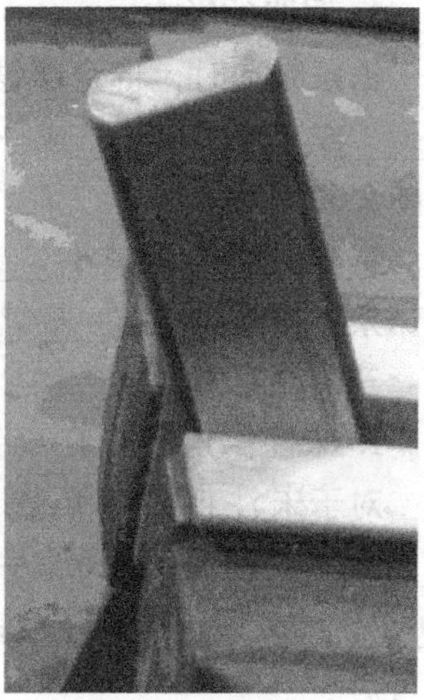

图2-33 倾斜装夹

3. 保证锯削质量的方法

1）锯削姿势如图2-34所示。

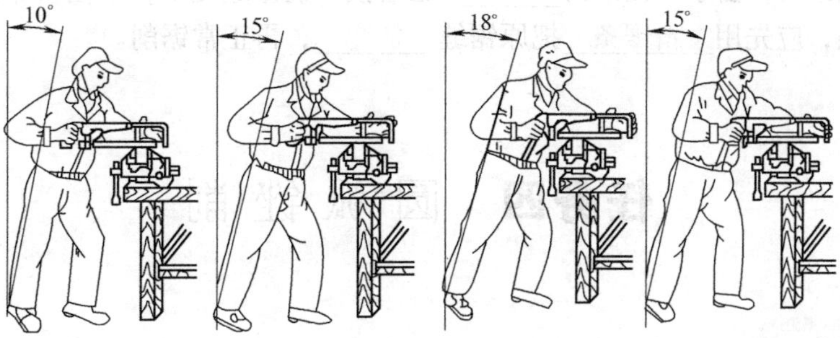

图2-34 锯削姿势

2）运锯方法有___直线往复式___和___摆动式___两种，如图2-35所示。

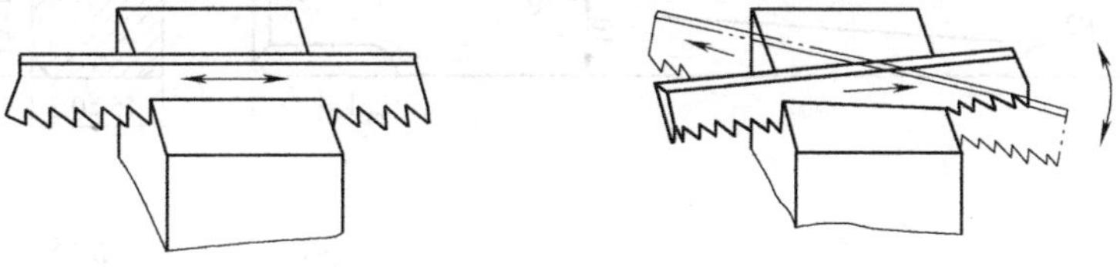

图2-35 运锯方法

a）直线往复式 b）摆动式

[注意]

① 锯削应保证锯缝平直。

② 锯条前推时，___向下施加压力___以实行切削。

③ 锯条退回时，___稍向上提起___锯条以减少锯条的磨损。

④ 运锯速度一般以___20～40___次/min为宜。

⑤ 锯削的开始和终了，压力和速度均应___减小___。

4. 锯路的影响

锯条制造时，将全部锯齿按一定规律 交叉排列 或 波浪排列 成一定的形状，称为锯路，如图 2-36 所示。

锯路的作用是减小 锯缝对锯条的摩擦 ，使锯条在锯削时不被 锯缝夹住 或 折断 。

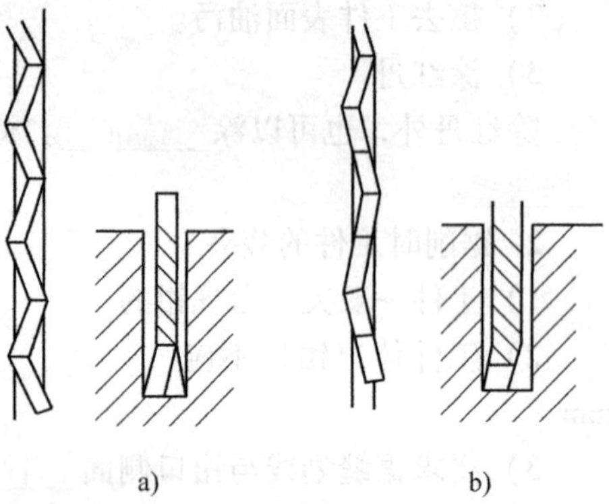

图 2-36 锯路

a）交叉排列 b）波浪排列

三、注意事项

1. 未注倒角的加工

对于未注倒角的位置，只要是 锐角 或 直角 ，都应倒角，一般可理解为倒角 0.2 mm。采用锉刀轻锉锐角或直角处，不扎手即可。

2. 更换锯条

更换新锯条时，由于旧锯条的 锯路 已磨损，使锯缝变窄，卡住新锯条。这时不要急于按下锯条，应先用 新锯条 把原锯缝 加宽 ，再正常锯削。

任务四 圆弧锉削

零件图

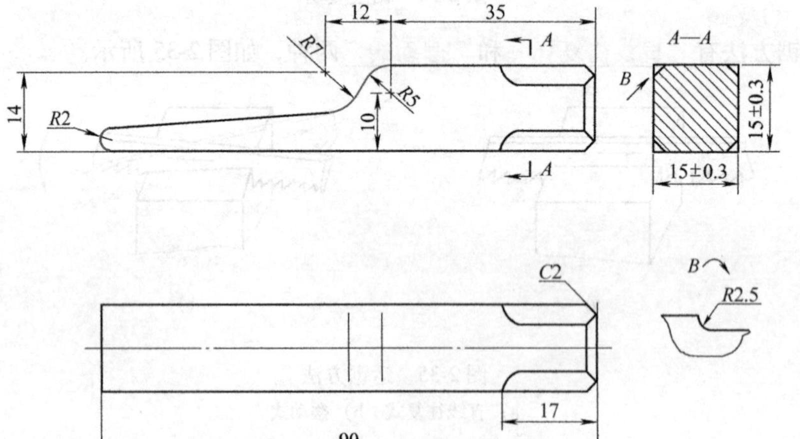

图 2-37 圆弧锉削

学习目标

本任务主要学习圆弧划线的方法，练习锉削凹、凸圆弧。通过本任务的学习和训练，能够完成如图 2-37 所示的零件。

相关知识

一、所用划线工具和量具

1. 划规

用来划___圆___和___圆弧___、量取___尺寸___的工具。

为保证量取尺寸的准确，应把划规脚尖部放入钢直尺的___刻度槽___中，如图 2-38 所示。

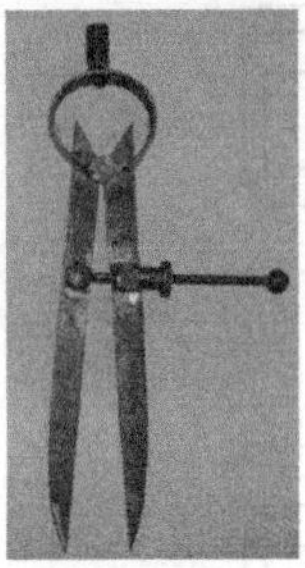
a)

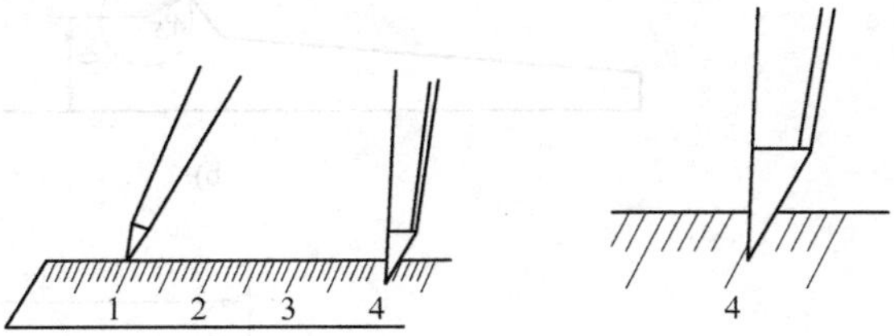

b)

图 2-38 划规及其量取尺寸

a）划规 b）量取尺寸

2. 半径样板（俗称 R 规）

半径样板是用来测量工件___半径___或___圆度___的量具，如图 2-39 所示。

半径样板由多个___薄片___组合而成，薄片制作成不同半径的___凹___圆弧或___凸___圆弧。测量时，选择半径合适的薄片，靠在所测圆弧上，根据___间隙大小___，判断工件圆弧的质量高低。

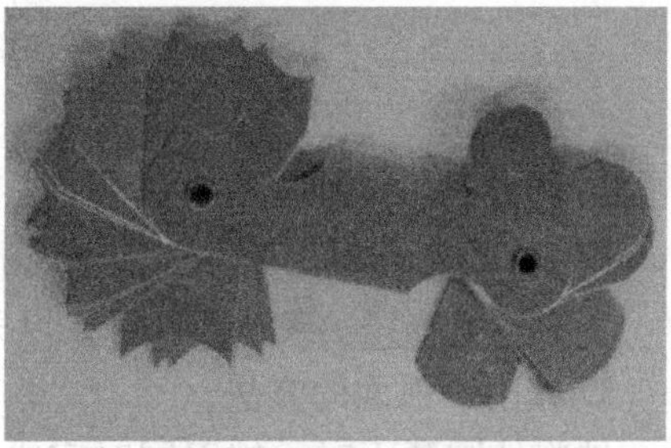

图 2-39 半径样板

二、半圆锉选用

半圆锉也有大小不同的规格，选择原则与扁锉相似。

技能训练

一、工艺分析

1. 毛坯

任务三完成的工件（图 2-29）。

2. 工艺步骤

（1）划线 根据计算出的坐标值，利用高度游标卡尺划出___圆心___，用___划规___划出圆弧。

（2）锉外圆弧。

（3）锉内圆弧。

二、操作要求

1. 三处圆弧的圆心坐标

图 2-40 所示为各圆心位置。

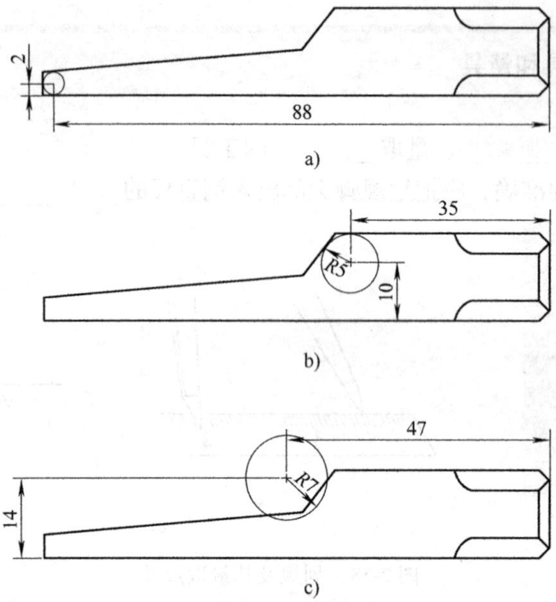

图 2-40　圆心坐标确定

a）圆弧 $R2$mm 的圆心位置　b）圆弧 $R5$mm 的圆心位置

c）圆弧 $R7$mm 的圆心位置

2. 圆弧 $R7$mm 的划线方法

$R7$mm 的圆心不在工件上，划规的针脚无法放置。在这种情况下，可以选择一个__等厚度__的__硬木块__夹在工件旁，以完成找圆心及划线工作。

3. 锉削圆弧面的方法

锉削外圆弧面时，锉刀同时完成__前进运动__和__绕圆弧中心的转动__；锉削内圆弧面时，锉刀同时完成__前进运动__、随着__圆弧面__向左或向右的移动、绕__锉刀中心线__的转动等，如图 2-41 所示。

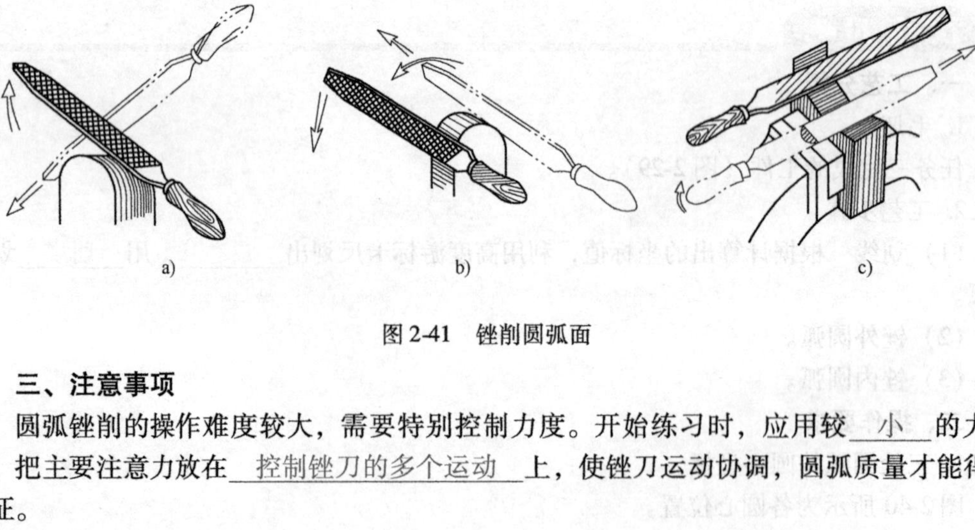

图 2-41　锉削圆弧面

三、注意事项

圆弧锉削的操作难度较大，需要特别控制力度。开始练习时，应用较__小__的力锉削，把主要注意力放在__控制锉刀的多个运动__上，使锉刀运动协调，圆弧质量才能得以保证。

任务五　钻　孔

零件图

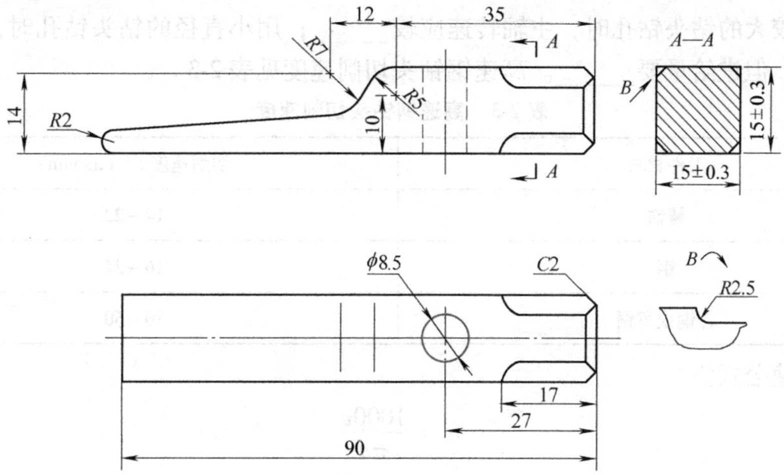

图 2-42　钻孔练习工件

学习目标

本任务主要学习钻头的选择、钻床的操作方法，练习刃磨钻头和钻孔的技能。通过本任务的学习和训练，能够完成如图 2-42 所示的零件。

相关知识

一、麻花钻的构成

如图 2-43 所示，用钻头在＿工件＿上加工＿孔＿的方法，称为钻孔。

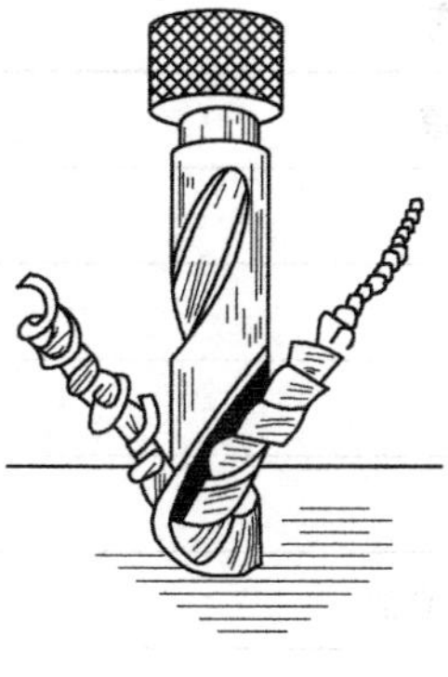

图 2-43　钻孔

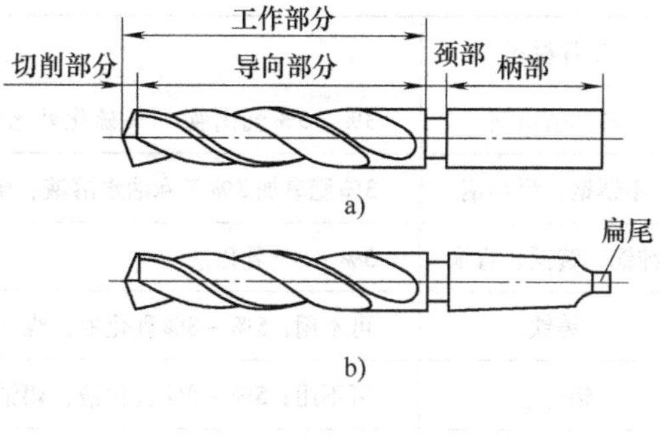

图 2-44　麻花钻

a）直柄　b）锥柄

1）如图2-44所示，麻花钻由 柄 部、 颈 部和 工作 部分组成。

2）麻花钻柄部形式有 直柄 和 锥柄 两种，一般直径小于13mm的钻头做成 直 柄，直径大于13mm的钻头做成 锥 柄。

锥柄传递的转矩比直柄 大 。

3）钻头的规格、材料和商标等刻印在 颈部 。

4）麻花钻的工作部分又分为 导向 部分和 切削 部分。

二、转速的调整

用直径较大的钻头钻孔时，主轴转速应较 低 ；用小直径的钻头钻孔时，主轴转速可较 高 ，但进给量要 小 。高速钢钻头切削速度见表2-3。

表2-3 高速钢钻头切削速度

工件材料	切削速度 v/（m/min）
铸铁	14～22
钢	16～24
青铜或黄铜	30～60

钻床转速公式为

$$n = \frac{1000v}{\pi d}$$

式中 v——切削速度（m/min）；

d——钻头直径（mm）。

例 用直径为12mm的钻头钻钢件，计算钻孔时钻头的转速。

解： $n = \frac{1000v}{\pi d} = \frac{1000 \times 20}{\pi \times 12}\text{r/min} = 530\text{r/min}$

主轴的变速可通过调整 带轮 组合来实现。

三、冷却与润滑

钻孔时使用切削液可以减少 摩擦 ，降低 切削热 ，消除粘附在钻头和工件表面上的积屑瘤，提高孔表面的 加工质量 ，提高钻头寿命和改善加工质量。

钻孔时要加注足够的切削液。钻各种材料选用的切削液见表2-4。

表2-4 钻各种材料选用的切削液

工件材料	切 削 液
各类结构钢	3%～5%乳化液；7%硫化乳化液
不锈钢、耐热钢	3%肥皂加2%亚麻油水溶液；硫化切削油
纯铜、黄铜、青铜	5%～8%乳化液
铸铁	可不用；5%～8%乳化液；煤油
铝合金	可不用；5%～8%乳化液；煤油；煤油与菜油的混合油
有机玻璃	5%～8%乳化液；煤油

注：表中百分数均为质量分数。

技能训练

一、工艺分析

1. 毛坯

任务四完成后的工件（图2-37）。

2. 工艺步骤

（1）划线 先用高度游标卡尺划出圆心位置。再用划规划出所加工圆，打样冲眼。

（2）选择合适的麻花钻 选用麻花钻直径为 8.5mm 。

（3）钻孔。

二、操作要求

1. 划线

1）按钻孔的位置尺寸要求划出孔位的中心线，并打 样冲眼 。

2）对钻直径较大的孔，还应划出几个大小不等的检查 圆 或检查 方框 ，以便钻孔时检查，如图2-45所示。

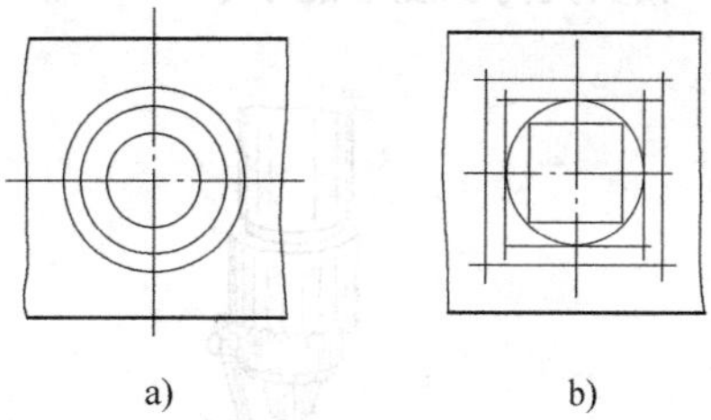

a) b)

图2-45 钻孔划线

a）检查圆 b）检查方框

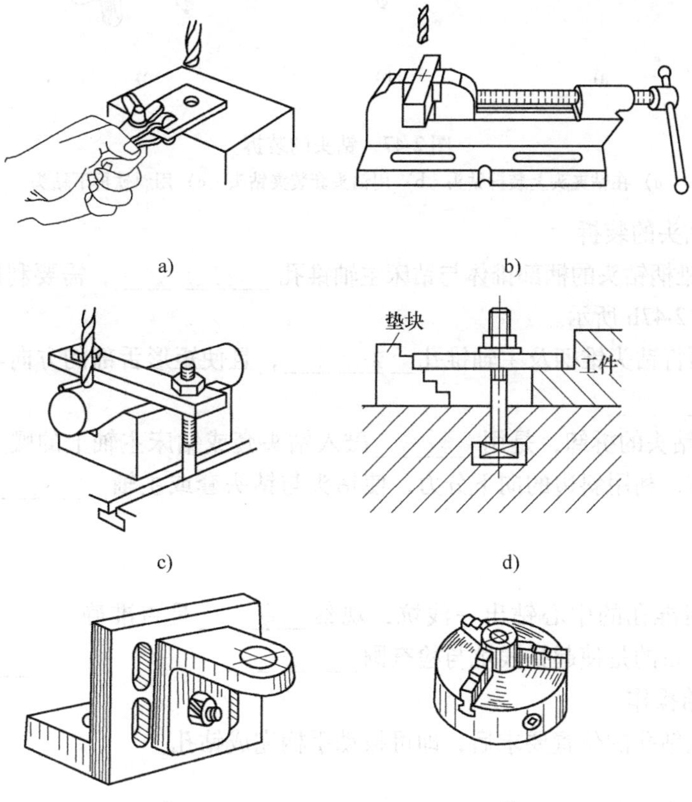

a) b) c) d) e) f)

图2-46 工件的装夹方法

a）用手握持 b）用平口钳装夹 c）用V形块配以压板装夹 d）用压板装夹 e）用角铁装夹 f）用三爪自定心卡盘装夹

3）最后将中心冲眼敲大，以便准确落钻定心。

2. 工件的装夹

常见的工件装夹方法如图 2-46 所示。

板类零件装夹时，其表面应与平口钳的钳口 平行 。

3. 钻头的装拆

（1）直柄钻头的装拆　直柄钻头用 钻夹头 夹持，用钻夹头钥匙转动钻夹头旋转外套，可作 夹紧 或 放松 动作，如图 2-47a 所示。

钻头夹持长度不能小于 15mm。

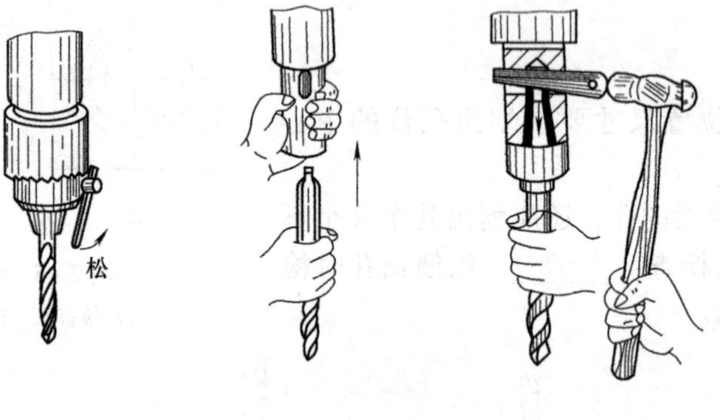

a)　　b)　　c)

图 2-47　钻头的装拆

a）在钻夹头上装拆钻头　b）用钻头套装夹钻头　c）用斜铁拆下钻头

（2）锥柄钻头的装拆

1）安装。锥柄钻头的柄部锥体与钻床主轴锥孔 直接连接 ，需要利用 加速冲力 一次装接，如图 2-47b 所示。

连接时必须将钻头锥柄及主轴锥孔 擦干净 ，且使矩形舌部的方向与主轴上的腰形孔中心线 方向一致 。

2）拆卸。钻头的拆卸，是用 斜铁 敲入钻头套或钻床主轴上的腰形孔内，斜铁的直边要放在上方，利用斜边的向下分力，使钻头与钻头套或主轴 分离 ，如图 2-47c 所示。

4. 起钻

先使钻头对准孔的中心钻出一浅坑，观察 定心 是否准确，并要不断校正，目的是使起钻浅坑与检查圆 同心 。

5. 手动进给操作

当起钻达到钻孔的位置要求后，即可扳动手柄完成钻孔。

[注意]

① 进给用力不应使钻头产生 弯曲 现象，以免孔轴线 歪斜 ，如图 2-48 所示。

② 进给力要 适当 ，并要经常退钻 排屑 ，以免切屑阻塞而扭断钻头。

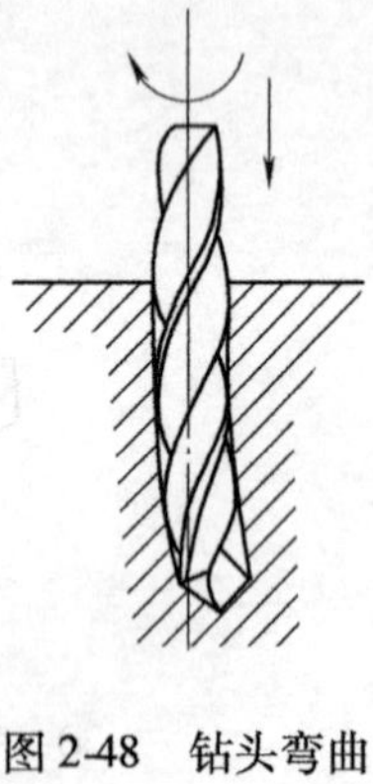

图 2-48　钻头弯曲使孔轴线歪斜

③ 钻孔将钻穿时，进给力必须<u>减少</u>，以防进给量突然过大，切削力增大，造成钻头折断，或使工件随着钻头转动造成事故。

三、注意事项

1. 样冲眼深浅的控制

圆心处的样冲眼在使用划规之前，不应<u>过深</u>，以防止划线时划规晃动。划完圆后，应<u>加深</u>样冲眼，以便于起钻。圆周上的样冲眼只是为了使划线清晰，只需轻敲即可，如图 2-49 所示。

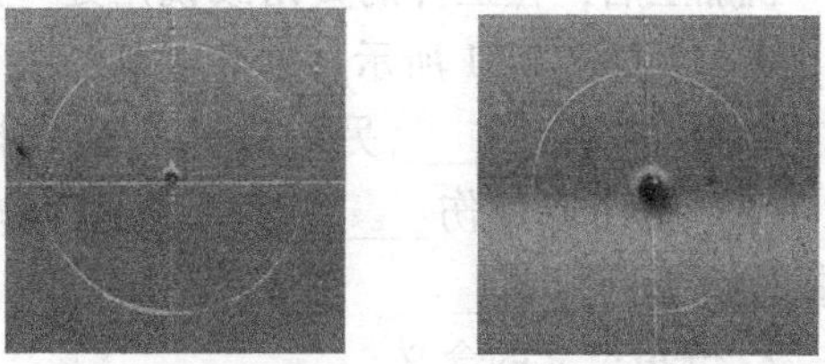

图 2-49 样冲眼的深浅
a）圆心处的样冲眼较浅 b）圆心处的样冲眼较深

2. 避免“烧伤”钻头

如果钻头长时间连续切削，产生大量的热，使钻头温度不断升高，造成钻头<u>退火</u>，导致钻头的硬度迅速<u>下降</u>，俗称“烧伤”。因此，钻孔时除了要使用切削液，还应经常提起钻头排屑，以便切削液流到孔中，保证钻头的冷却。

任务六 修整孔口、砂纸抛光

零件图

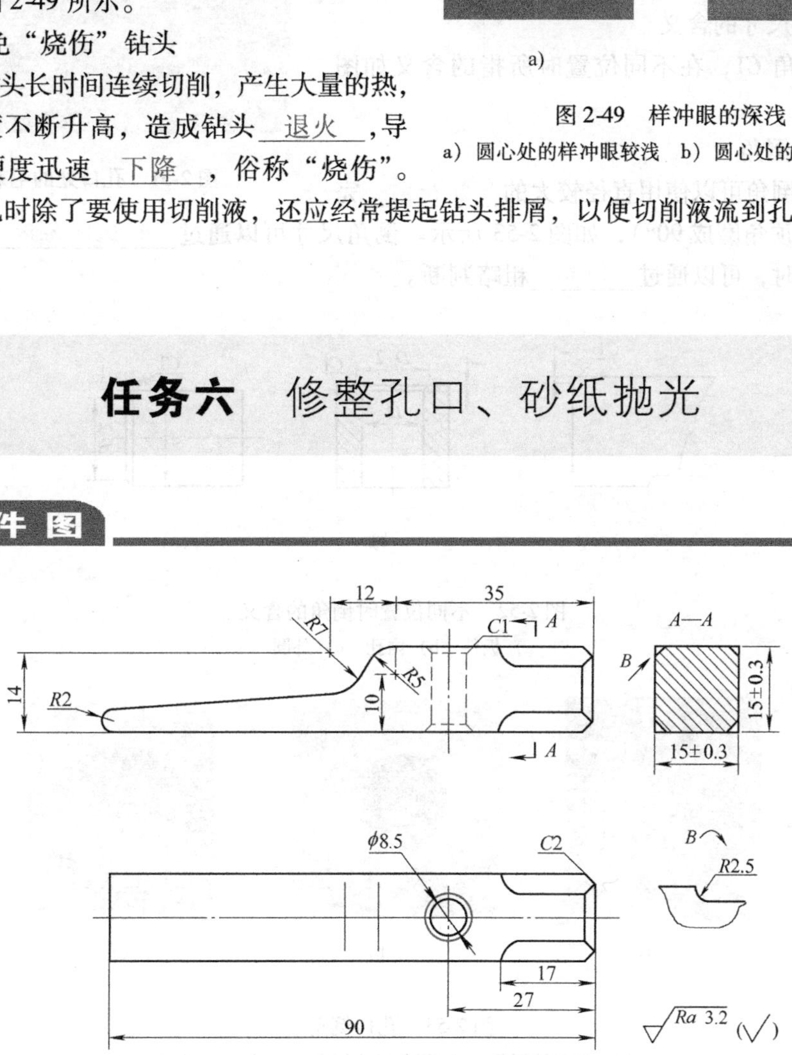

图 2-50 修整孔口、砂纸抛光

学习目标

本任务主要学习孔口倒角的方法，练习孔口倒角操作和利用砂纸抛光的技能。通过本任务的学习和训练，能够完成如图 2-50 所示的工件。

相关知识

一、孔口倒角的方法

1. 倒角的目的

机加工后，在工件的直角或锐角处一般会产生__毛刺__，如图2-51所示。这些毛刺一方面会影响到工件的__装配工作__，另一方面会造成操作人员__手部__受伤或划伤__其他工件__。最简单的去毛刺操作就是__倒角__。

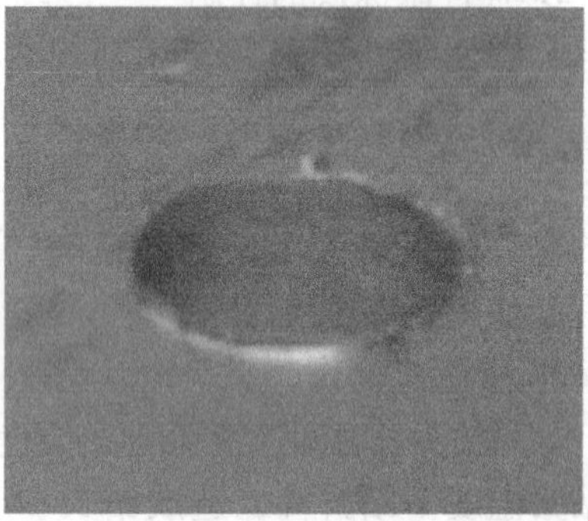

图2-51 孔口处的毛刺

2. 倒角尺寸的含义

同样倒角 *C*1，在不同位置时所指的含义如图2-52所示。

3. 孔口倒角

孔口处倒角可以使用直径较大的__麻花钻__完成（麻花钻顶角磨成90°），如图2-53所示。倒角尺寸可以通过__钻床的刻度__控制。精度要求不高时，可以通过__目测__粗略判断。

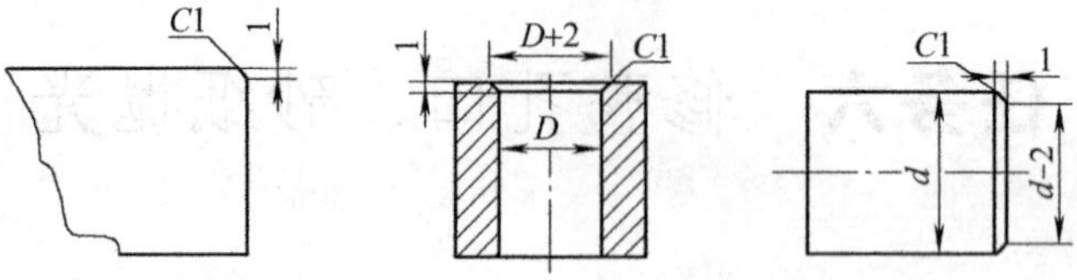

a) b) c)

图2-52 不同位置时倒角的含义

a）板件 b）内孔 c）外圆

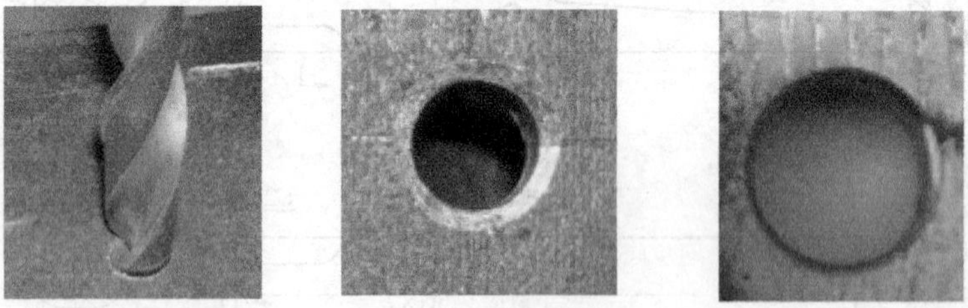

a) b) c)

图2-53 孔口倒角

a）用大麻花钻倒角 b）倒角尺寸较大 c）倒角尺寸较小

二、砂纸抛光

砂纸可以对工件表面起__抛光__作用，但不能改变工件的__形状误差__。

牌号不同的砂纸，表示砂粒的粗细不同。砂粒较__粗__的，抛光效率较__高__；砂粒较__细__的，抛光质量较__高__。先用__粗__砂纸粗加工，再用__细__砂纸精加工。

三、使用抛光机抛光

1. 单面抛光机

平面抛光时，多使用单面抛光机，通常以＿压板、重块＿给产品加压，达到单面抛光的目的。抛光机可设定抛光时间，运动平稳，质量稳定。图 2-54 所示是一种单面抛光机，广泛用于各种金属、非金属材料的单面抛光。

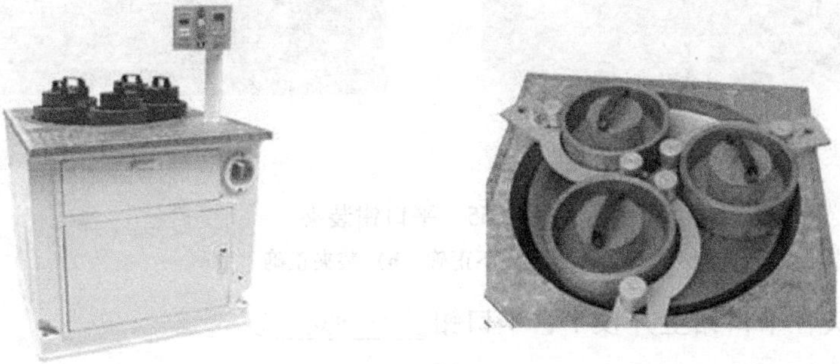

a)　　　　b)

图 2-54　单面抛光机
a）外观形状　b）局部图

2. 操作注意事项

1）应注意工作台面干净整洁，保证工件加工的环境质量。

2）根据具体抛光材料、尺寸大小和抛光质量要求，合理选择下研磨盘。

3）随时注意机器工作状况，当有异响等非正常状况时，应＿立即停止操作＿，及时排除故障。

4）按产品说明书要求维护机器设备。

技能训练

一、工艺分析

1. 毛坯

任务五完成后的工件（图 2-42）。

2. 工艺步骤

（1）两面倒角　孔的两端都应倒角，根据图样要求，应保证倒角 1mm，可选用 ϕ12mm 钻头倒角。

（2）砂纸抛光。

二、操作要求

1. 工件装夹要求

为保证倒角质量，必须使工件装夹水平。校平工件的简单方法是：＿控制工件边缘与平口钳的上边缘平齐＿，如图 2-55 所示。可以用指尖沿钳口的垂直方向滑过，判断平齐的程度。

2. 钻头位置的控制

倒角时钻头的轴线必须与孔的轴线＿重合＿；否则会使倒出的角一边大，一边小，如图 2-56 所示。

可按以下步骤操作：

a)　　　　b)

图 2-55　平口钳装夹

a）装夹不正确　b）装夹正确

1）工件装夹在平口钳上并校平，平口钳 不固定 。

2）安装钻头。

3） 不开动 钻床，用手柄下移钻头，靠到孔口。

4）利用钻头的 定心作用 ，用手 反向转动 钻头，平口钳将会 自动微移 ，保证钻头的轴线与孔的轴线 重合 。

5）开启电源，完成倒角。

3. 砂纸抛光操作

使砂纸与工件作相对运动，即可起到抛光作用。但应保持两者相对运动的平稳，防止局部磨损过大，造成形状误差。砂纸固定、工件运动的效果较好。

三、注意事项

1）操作手柄的进给要 稳定 ，也不能因为阻力小而快进快退，造成圆周上明显 振纹 ，如图 2-56 所示。

2）利用钻头的定心作用时，必须保证两切削刃 对称 ，否则无法保证钻头轴线与孔轴线重合。

图 2-56　倒角歪斜

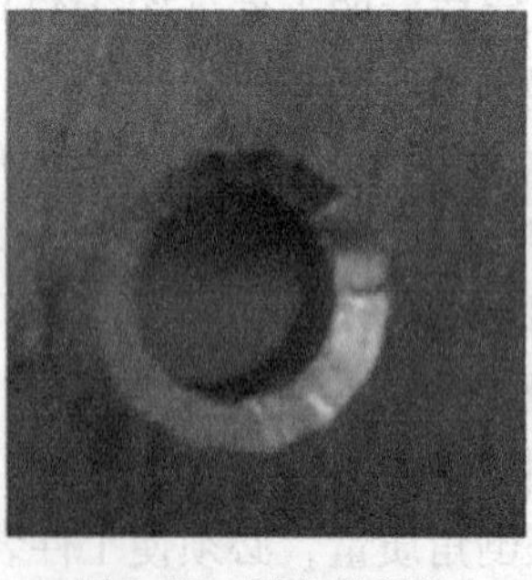

图 2-57　倒角的振纹

检测与评价

表 2-5　小锤子检测与评价表

序号	检测内容	配分	量具	检测结果	学生评分	教师评分
1	（15±0.3）mm	12				

（续）

序号	检测内容	配分	量具	检测结果	学生评分	教师评分
2	(15 ±0.3) mm	12				
3	90mm	5				
4	35mm	3				
5	27mm	5				
6	17mm（4 处）	3×4				
7	*R*2mm	4				
8	*R*5mm	4				
9	*R*7mm	4				
10	*R*2.5mm（4 处）	3×4				
11	ϕ8.5mm	5				
12	*C*1（孔）	5				
13	*C*2（4 处）	3×4				
14	*Ra*≤3.2μm	5				
15	文明生产	违纪一项扣 20 分				
合　计		100				

任务七　制作锤柄

零件图

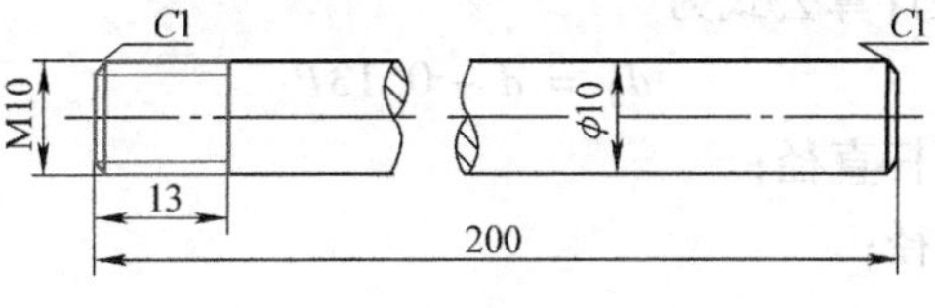

图 2-58　锤柄零件图

学习目标

本任务主要学习套螺纹方法，练习套螺纹操作技能。通过本任务的学习和训练，能够完成如图 2-58 所示零件。

相关知识

一、套螺纹工具

用＿板牙＿在圆杆或管子上切削加工＿外螺纹＿的方法称为套螺纹（俗称套丝）。

1. 圆板牙

1）按使用方法不同，可以分为＿机用＿板牙和＿手用＿板牙。

2）圆板牙如图 2-59 所示，由＿切削＿部分、＿校准＿部分和＿夹持＿部分组成。

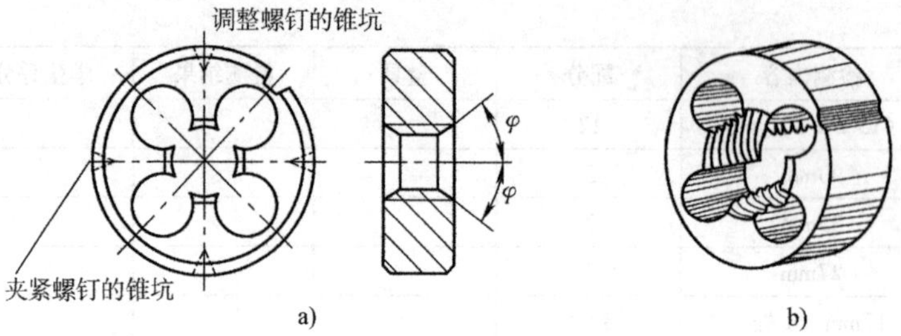

图 2-59　圆板牙

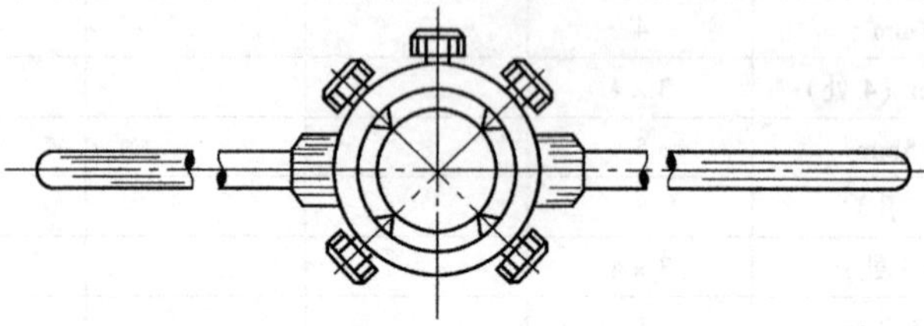

图 2-60　板牙铰杠

2. 板牙铰杠

1）板牙铰杠是手工套螺纹时用的一种辅助工具，如图 2-60 所示，主要用于　夹持　圆板牙传递　切削力矩　。

2）安装圆板牙时，板牙铰杠上的定位螺钉应该旋入圆板牙的　锥型凹坑　内。

二、套螺纹前圆杆直径的确定

套螺纹时，由于板牙对工件材料产生挤压，圆杆表面材料会隆起。加工时，如果圆杆直径与螺纹大径　相同　，则螺纹牙顶会嵌入板牙刀齿的　根部　，使加工无法正常进行。

套普通螺纹圆杆直径计算公式为

$$d_0 = d - 0.13P$$

式中　d_0——套螺纹前圆杆直径；

d——螺纹公称直径；

P——螺距。

［问题］　计算在套 M10 螺纹前的钢制圆杆直径为多少？

解：经查表 2-6 得，M10 的 $P=$　1.5mm　。

钢件套螺纹圆杆直径：$d_0 = d - 0.13P$

$= 10\text{mm} - 0.13 \times 1.5\text{mm}$

$= 9.805\text{mm}$

根据计算，在套 M10 螺纹前的钢制圆杆直径为　9.805mm　。

［注意］　套普通螺纹的圆杆直径也可由表 2-6 直接查得。

表 2-6　套普通螺纹的圆杆直径　（单位：mm）

螺纹公称直径 d	螺距 P	圆杆直径	
		最小直径	最大直径
6	1	5.8	5.9

（续）

螺纹公称直径 d	螺距 P	圆杆直径	
		最小直径	最大直径
8	1.25	7.8	7.9
10	1.5	9.75	9.85
12	1.75	11.75	11.9
14	2	13.7	13.85
16	2	15.7	15.85
18	2.5	17.7	17.85
20	2.5	19.7	19.85
22	2.5	21.7	21.85
24	3	23.65	23.8
27	3	26.65	26.8
30	3.5	29.6	29.8
36	4	35.6	35.8
42	4.5	41.55	41.75
48	5	47.5	47.7
52	5	51.5	51.7
60	5.5	59.45	59.7
64	6	63.4	63.7
68	6	67.4	67.7

技能训练

一、工艺分析

1. 毛坯

ϕ10mm 热轧圆钢，长度 200mm。

毛坯获得途径：

1）选择 ϕ10mm 热轧圆钢，使用锯弓锯削，每段 200mm。

2）选择 ϕ10mm 热轧圆钢，使用电动切割机（图 2-61）锯削，每段 200mm。

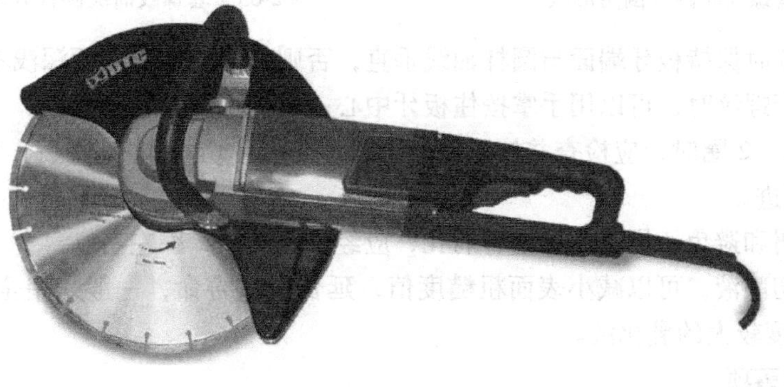

图 2-61　手持式电动切割机

[说明]　电动切割机可以完成常见的 板料 、 管料 、 线材 和截面尺寸不大的 棒料 等毛坯的切割。

[注意]

① 在使用电动切割机切割时，一定要将工件进行可靠地装夹。

② 以树脂为结合剂的锯片，保质期一般为两年，超过保质期的锯片不得使用。

③ 使用电动切割机切割时，应避开易燃、易爆的环境。

④ 在使用电动切割机切割时，操作者应避开锯片的回转面，用力适中且均匀。

2. 工艺步骤

1）锉削出圆柱面 ϕ9.8mm×13mm。

2）倒角 $C1$。

3）套螺纹 M10。

二、操作要求

1. 锉削圆柱面 ϕ9.8mm×13mm 时要尽可能保证圆柱度公差

1）锉削时应频繁转动圆杆，保持圆周上各处锉削的均匀性。

2）由于锉削余量较小，不要使用粗齿锉。

3）每个位置的锉削余量不要一次锉完，应在转动圆杆的过程中逐渐锉削成形。

4）为使套螺纹时板牙易于切入，应把距顶部 3mm 范围内锉细一些，形成 15°～20°圆锥，如图 2-62 所示。

2. 套螺纹要点

1）为保证圆杆夹持稳定，防止受力时发生偏斜或出现夹痕，圆杆应夹在软钳口中，上端伸出长度尽量短一些，如图 2-63 所示。

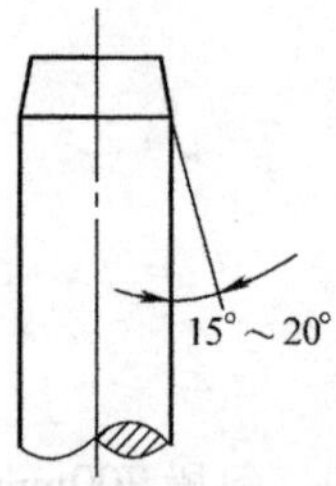

图 2-62　套螺纹时圆杆倒角形状

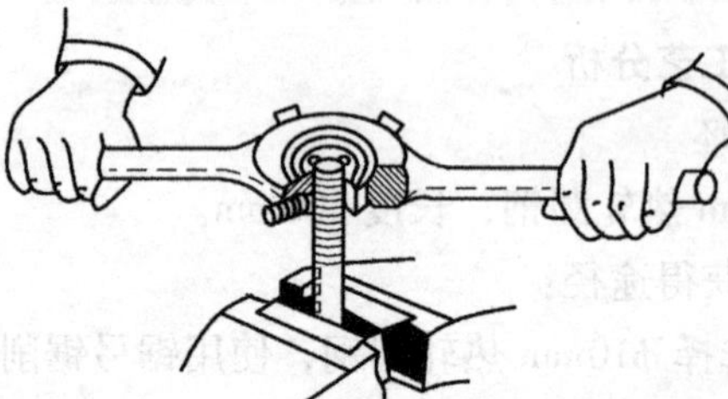

图 2-63　套螺纹时夹圆杆方法

2）套螺纹时保持板牙端面与圆杆轴线垂直，否则套出的螺纹两面深浅不一。

3）开始套螺纹时，可以用手掌按住板牙中心，适当加压并转动铰杠。

4）切入 1～2 圈时，应检查并校正板牙位置。当板牙切入 3～4 圈后，只需转动铰杠，板牙会自动旋进。

5）为断屑和避免切屑过长堵塞容屑孔，应经常倒转 1/2 圈左右。

6）使用切削液，可以减小表面粗糙度值，延长板牙寿命，一般采用全损耗系统用油（机油）或浓度较大的乳化液。

三、注意事项

1）如学生无法保证锉削圆柱面的圆柱度要求，可以考虑车削出 ϕ9.8mm×13mm 圆柱面。

2）为避免装配后出现外螺纹伸出孔口过多，套螺纹的长度应严格控制，可以略小于13mm，但不应大于13mm。

3）套螺纹易出现的问题及产生的原因见表2-7。

表2-7 套螺纹时易出现的问题及产生的原因

易出现的问题	产生的原因
烂牙	1. 圆杆直径偏大 2. 铰杠不稳，板牙晃动 3. 板牙没有经常倒转 4. 板牙磨钝 5. 未使用合适的切削液
螺纹歪料	1. 板牙端面与圆杆不垂直 2. 用力不均匀，铰杠歪斜
螺纹中径小	1. 板牙已切入3～4圈后，仍用力下压 2. 纠偏次数过多
螺纹牙深不够	圆杆直径过小

任务八 安装锤柄

学习目标

本任务主要学习攻螺纹方法，了解钳工装配知识，练习攻螺纹技能。通过本任务的学习和训练，完成图2-1所示的装配。

相关知识

一、攻螺纹工具

用丝锥加工工件内螺纹的方法，称为攻螺纹（俗称攻丝）。

1. 丝锥

丝锥由__工作部分__和__柄部__组成，如图2-64所示。工作部分包括__切削__部分和__校准__部分。切削部分的锥角可使工作省力，而且起引导作用。柄部的方榫是用来传递切削力矩的。

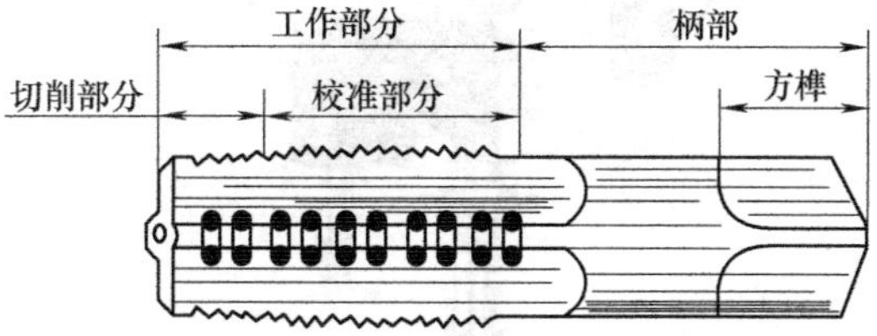

图2-64 丝锥的构造

通常小于M6的丝锥都制成三支一套；M6～M24的丝锥为两支一套；大于M24的丝锥为三支一套。以两支一套为例，可分别称__头攻__和__二攻__。在一套丝锥中，锥角最小者是__头攻__。使用成套丝锥时，应按先__头攻__再__二攻__的顺序。

2. 铰杠

铰杠是手工攻螺纹时用的一种辅助工具，如图 2-65 所示，用来 夹持 丝锥传递 切削力矩 。

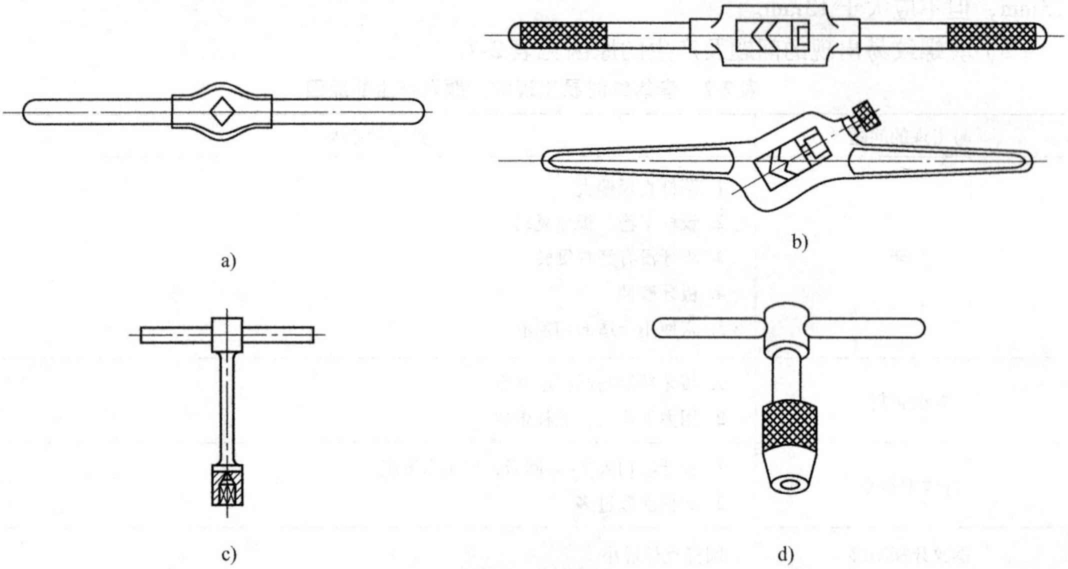

a) b) c) d)

图 2-65 铰杠

a）固定式 b）可调式 c）丁字固定式 d）丁字可调式

3. 攻丝机

常见攻丝机如图 2-66 所示。与手工攻螺纹相比，使用攻丝机能 提高工作效率 、 降低劳动强度 、 改善产品质量 。

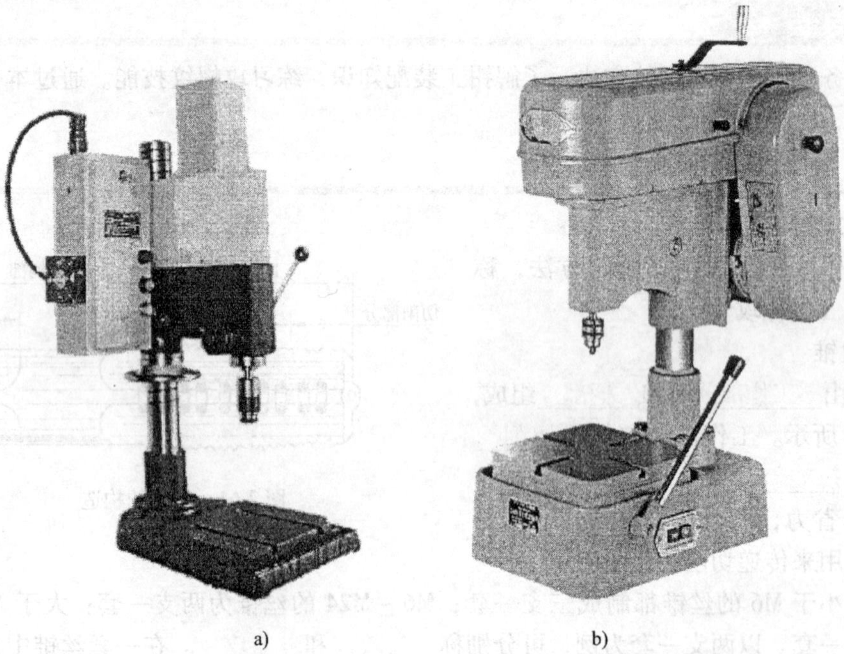

a) b)

图 2-66 攻丝机

a）电动攻丝机 b）手动攻丝机

1）电动攻丝机

输出转矩强大，一般具有螺距自动补偿及安全过载保护功能，可加工较大工件不同位置螺纹孔及深孔攻螺纹，攻螺纹范围通常为 M3 ~ M48。

2）手动攻丝机

与电动攻丝机相比，尤其是加工较小直径螺纹时，手动攻丝机的丝锥不易断裂，容易控制。

3）攻丝机操作规范

① 操作过程中不可戴手套。

② 在操作过程中要注意，手执工件的位置要远离丝锥约 10cm，以免伤及手指。

③ 在操作过程中要合理使用切削液，保证工件质量。

④ 在生产过程中若发现攻丝机出现问题，要立刻停止操作，并及时报修。

⑤ 操作完工后要先关掉电源，后对设备进行清洁。

二、攻螺纹前螺纹底孔直径的确定

攻螺纹前螺纹底孔直径的计算方法见表 2-8。

[注意] 加工时，如果底孔直径与螺纹小径相同，则螺纹牙顶会嵌入丝锥刀齿的根部，使加工无法正常进行。

[说明] 攻螺纹时，由于丝锥对工件材料产生挤压，螺纹底孔表面材料被抬起。

表 2-8 加工普通螺纹底孔直径计算方法

被加工材料和扩张量	底孔直径计算公式
钢和其他塑性大的材料，扩张量中等	$D_0 = D - P$
铸铁和其他塑性小的材料，扩张量较小	$D_0 = D - (1.05 \sim 1.1)P$

式中 D_0——攻螺纹前底孔直径；

D——螺纹公称直径；

P——螺距。

[问题] 计算在钢件上攻 M10 螺纹时的底孔直径，并选择钻头。

解： 经查表 2-9 得，M10 的螺距 P = 1.5mm 。

表 2-9 普通螺纹攻螺纹前钻底孔的钻头直径 （单位：mm）

螺纹大径 D	螺距 P	钻头直径		螺纹大径 D	螺距 P	钻头直径	
		铸铁、青铜、黄铜	钢、可锻铸铁、纯铜			铸铁、青铜、黄铜	钢、可锻铸铁、纯铜
2	0.4	1.6	1.6	5	0.8	4.1	4.2
	0.25	1.75	1.75		0.5	4.5	4.5
2.5	0.45	2.05	2.05	6	1	4.9	5
	0.35	2.15	2.15		0.75	5.2	5.2
3	0.5	2.5	2.5	8	1.25	6.6	6.7
	0.35	2.65	2.65		1	6.9	7
4	0.7	3.3	3.3		0.75	7.1	7.2
	0.5	3.5	3.5	10	1.5	8.4	8.5

（续）

螺纹大径 D	螺距 P	钻头直径：铸铁、青铜、黄铜	钻头直径：钢、可锻铸铁、纯铜
10	1.25	8.6	8.7
	1	8.9	9
	0.75	9.1	9.2
12	1.75	10.1	10.2
	1.5	10.4	10.5
	1.25	10.6	10.7
	1	10.9	11
14	2	11.8	12
	1.5	12.4	12.5
	1	12.9	13
16	2	13.8	14
	1.5	14.4	14.5
	1	14.9	15
18	2.5	15.3	15.5
	2	15.8	16
	1.5	16.4	16.5
	1	16.9	17
20	2.5	17.3	17.5
	2	17.8	18
	1.5	18.4	18.5
	1	18.9	19
22	2.5	19.3	19.5
	2	19.8	20
	1.5	20.4	20.5
	1	20.9	21
24	3	20.7	21
	2	21.8	22
	1.5	22.4	22.5
	1	22.9	23

钢件攻螺纹底孔直径：$D_0 = D$ $- P$

$= 10\text{mm} - 1.5\text{mm}$

$= 8.5\text{mm}$

根据计算，可选用 $\phi 8.5\text{mm}$ 的钻头。

［说明］　可以根据螺纹公称直径，从表2-9直接查出钻底孔用的钻头直径。

三、装配要求

1. 装配概念

在生产过程中，按照一定的 精度标准 和 技术要求 ，将若干个 零件 组合成部件或将若干 零件或部件 组合成产品的过程，称为装配。

装配是产品生产的最后一道工序，对产品质量起决定性作用。

2. 螺纹联接

螺纹联接是一种 可拆 的联接，具有 结构简单 、 联接可靠 、 装拆方便迅速 、 成本低廉 等优点，因而在机械中得到普遍应用。

为了达到联接 紧固可靠 的目的，联接时必须施加 拧紧力矩 ，使螺纹副产生预紧力，从而使螺纹副具有一定的摩擦力矩。

3. 本任务的装配要求

1）锤柄旋入锤头后 无明显晃动 。

2）锤柄顶部不得伸出锤头，否则顶部螺纹可能会被损坏。

技能训练

一、工艺分析

1. 毛坯

项目二任务六完成后的零件。

2. 工艺步骤

1）完成锤头加工，攻螺纹 M10，如图 2-67 所示。

2）锤头与锤柄旋合，检查螺纹配合质量。

3）锤头按任务九热处理（选做）。

4）装配锤头与锤柄。

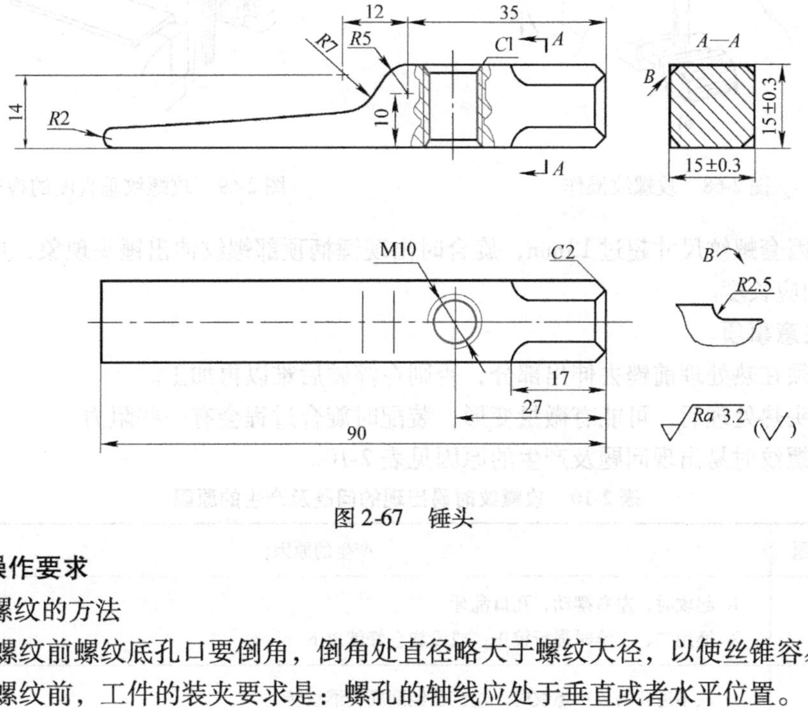

图 2-67 锤头

二、操作要求

1. 攻螺纹的方法

1）攻螺纹前螺纹底孔口要倒角，倒角处直径略大于螺纹大径，以使丝锥容易切入。

2）攻螺纹前，工件的装夹要求是：螺孔的轴线应处于垂直或者水平位置。

3）起攻的方法如图 2-68 所示，单手或双手施力的作用线与螺孔的轴线是重合的。

4）当丝锥的切削部分切入工件 1 ~2 圈时，应立即用直角尺作如图 2-69 所示的工作，其目的是检查丝锥的轴线与孔的轴线是否重合。

5）攻螺纹时应经常将丝锥反方向转动 1/2 圈左右。其目的是使切屑断碎，容易排出，避免切屑过长卡住丝锥。

6）攻通孔螺纹时，丝锥校准部分不应全部攻出头，否则会扩大或损坏孔口最后几牙螺纹。

7）在塑性材料上攻螺纹时，为了减少切削时的摩擦和提高螺孔的表面质量，延长丝锥的使用寿命，采用全损耗系统用油（机油）或浓度较大的乳化液润滑。

2. 装配质量的保证方法

1）为保证锤头与锤柄装配后不晃动，应保证螺纹联接有一定<u>预紧力</u>。

要求较高时，应使用<u>　专门工具（扭力扳手、定力矩扳手等）　</u>控制预紧力。本项目要求不高，可以把锤柄通过软钳口夹紧在台虎钳钳口上，双手握住锤头用力旋紧，获得一定预紧力。

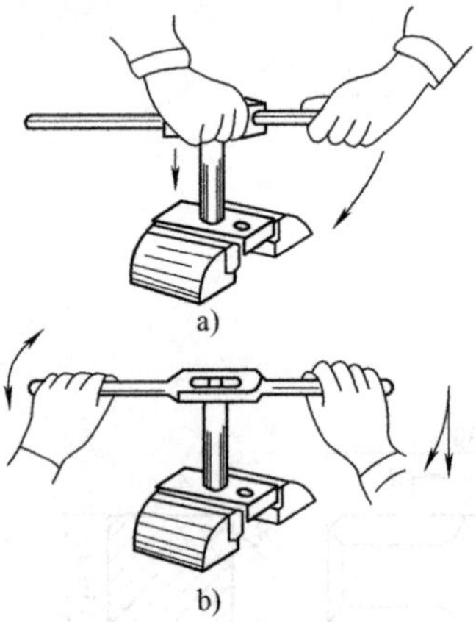

图 2-68　攻螺纹操作

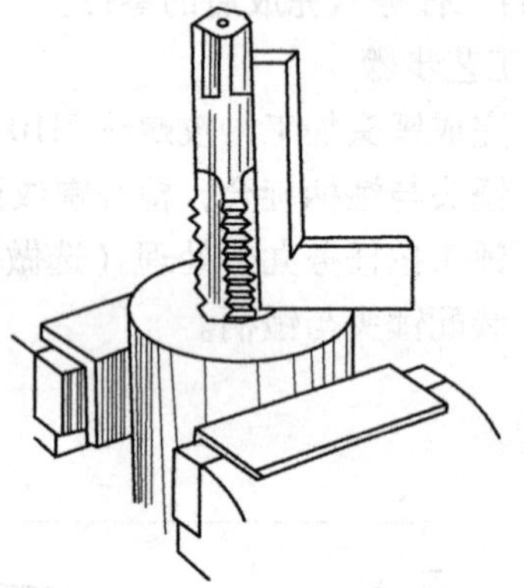

图 2-69　攻螺纹垂直度的检查

2）如因套螺纹尺寸超过 13mm，旋合时出现锤柄顶部螺纹伸出锤头现象，应拆卸下锤柄，锉去相应长度。

三、注意事项

1）必须在热处理前锉去伸出部分，否则在淬硬后难以再加工。

2）锤头热处理后，可能有微量变形，装配时旋合过程会有一些阻力。

3）攻螺纹时易出现问题及产生的原因见表 2-10。

表 2-10　攻螺纹时易出现的问题及产生的原因

易出现的问题	产生的原因
螺纹乱牙	1. 起攻时，左右摆动，孔口乱牙 2. 换用二、三锥时强行校正，或没旋合好就攻下
螺纹滑牙	1. 攻不通孔的较小螺纹时，丝锥已经到底仍继续转 2. 攻强度低或小直径螺纹时，丝锥已经切出螺纹仍继续加压，或者攻完时连同铰杠作自由的快速转出 3. 未加适当的切削液及一直攻螺纹不倒转，切屑堵塞容屑槽，螺纹被破坏
螺纹歪斜	1. 攻螺纹时，位置不正，没有检查垂直度 2. 孔口倒角不良，双手用力不均匀，切入时歪斜
螺纹形状不完整	螺纹底孔直径太大
丝锥折断	1. 底孔直径太小 2. 攻入时丝锥歪斜或歪斜后强行校正 3. 没有经常反转断屑和清屑 4. 使用铰杠不当，双手用力不均或用力过猛

*任务九　热处理淬硬

学习目标

本任务主要学习热处理的相关知识，练习淬火技能。通过本任务的学习和训练，能够完成如图 2-70 所示的零件。

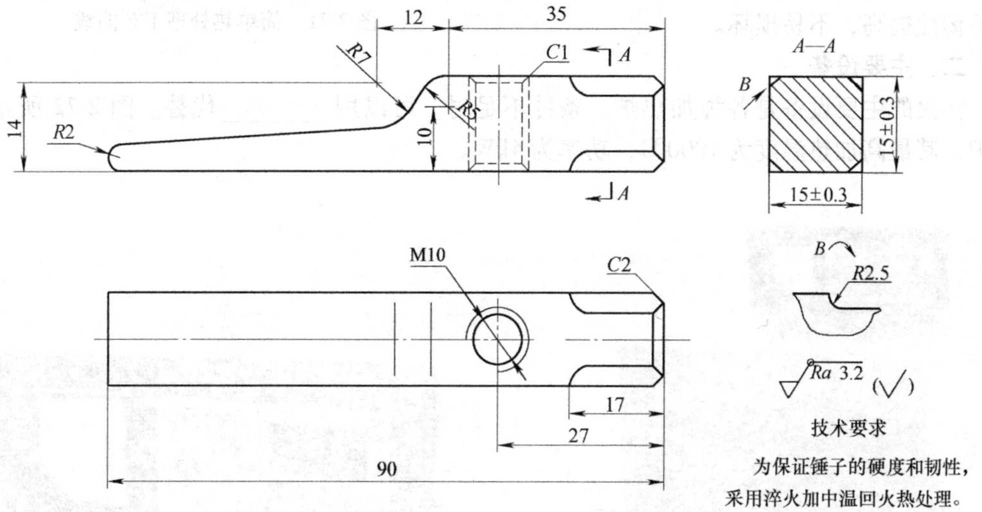

图 2-70　小锤子零件图

相关知识

一、热处理相关知识

1. 热处理目的

根据小锤子的使用情况，需要材料具有较高的__硬度__，否则在敲击时，小锤子的表面容易变形、破损；敲击将产生冲击力，又需要一定的__韧性__，否则在敲击时，小锤子的表面容易开裂。适当的热处理可以使得小锤子既具有较高的硬度，又具有一定的韧性。

2. 热处理概念

热处理是将__固态金属__或合金采用适当的方式进行__加热__、__保温__和__冷却__以获得所需要的组织结构与性能的工艺。

热处理过程如图 2-71 所示。

临界点是钢铁各种组织之间发生变化的临界温度。

常见的热处理类型有__正火__、__退火__、__淬火__、__回火__等，俗称“四把火”。

（1）淬火　将钢加热到__临界点以上某一温度__，保温__一定时间__，然后以__较快__速度冷却的热处理工艺，称为淬火。淬火的主要目的是提高钢的__强度__和__硬度__。

小锤子应提高硬度，以减少使用过程中的破损，可以采用淬火提高强度和硬度。

（2）回火　将__淬火__后的钢，再加热到__较低温度（临界点以下）__，保温__一定时间__，然后冷却到__室温__的热处理工艺，称为回火。回火的主要目的是消除淬火后的__内应力__，增加__韧性__。

小锤子淬火后硬度提高，但比较脆，使用时受到冲击力容易开裂，采用回火使得材料的韧性提高，不易损坏。

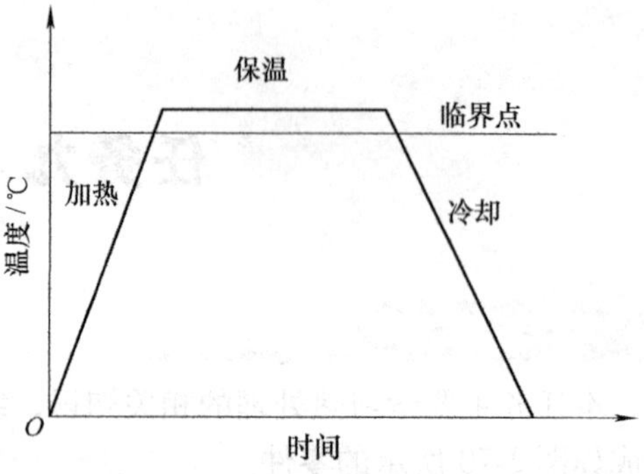

图 2-71　简单热处理工艺曲线

二、主要设备

淬火的主要设备是各种加热炉。条件不足时，可以用__电炉__代替。图 2-72 所示的电炉，其最高加热温度为 1000℃，功率为 4kW。

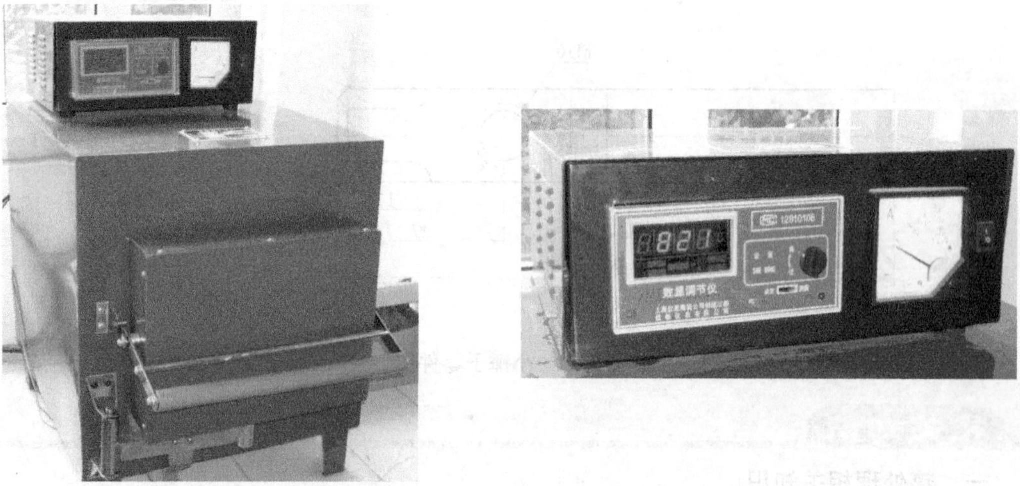

a)　　b)

图 2-72　电炉及温度显示

a）电炉　b）显示仪

技能训练

一、工艺分析

1. 毛坯

任务八套螺纹后的锤头（图 2-67）。

2. 加热温度

小锤子使用的钢材为 45 钢，这是一种中碳钢。根据图 2-73 碳钢淬火温度范围所示，淬火的温度应控制在__800～850℃__左右。

3. 冷却介质选择

为了使小锤子在加热后快速冷却，把高温小锤子放入__水__中，加快散热速度。

4. 回火温度

根据小锤子的使用场合，应选择中温回火，温度控制在 350～500℃ ，回火对冷却速度没有严格要求。

二、操作要求

1. 温度控制

温度由炉上的温度显示仪读出，如图2-74所示。

2. 时间控制

加热时间根据功率不同和工件多少，有所差异。为了尽快完成热处理工序，淬火的保温时间可减少至 半小时 左右，而回火的保温时间有 半小时 就足够了。

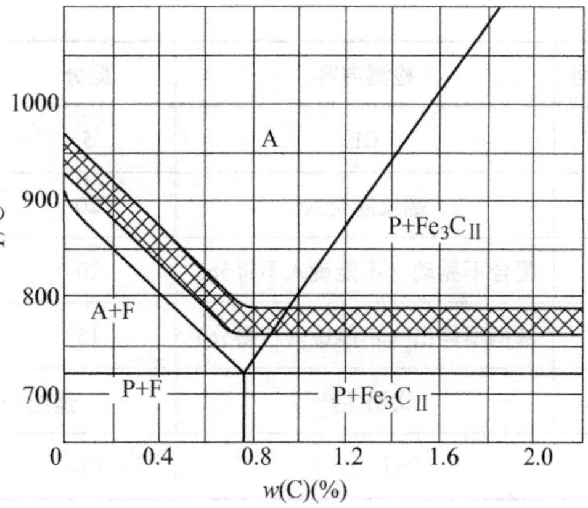

图2-73　碳钢淬火温度

三、注意事项

为避免在操作过程中出现人员烫伤情况，必须注意以下几点。

1）必须由 专人 负责电炉，包括开关炉门、拿放工件、电源控制及加温操作等。

2）打开炉门时应穿戴 较厚的防护服装 （特别是 防护手套 ），并站在炉门的 侧面 ，以避免热灼伤。

3）拿取工件需如图2-75所示，用 较长的钳子 完成。

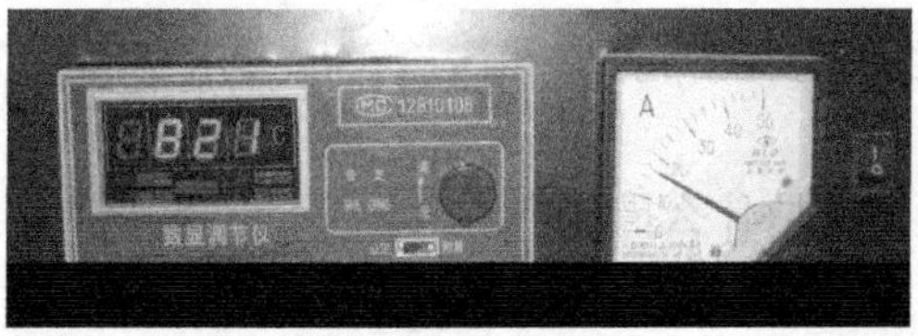

图2-74　温度显示

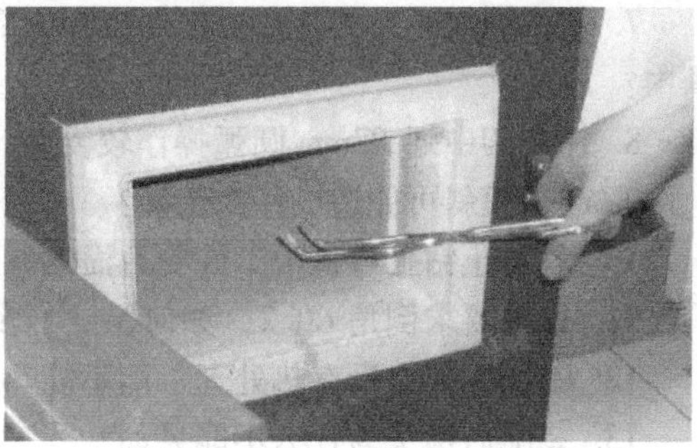

图2-75　用钳子取物

4）轻轻投入水中，防止溅起热水烫伤。

5）不要急于用 手 拿被冷却的工件，防止因冷却不彻底而被烫伤。

检测与评价

表2-11　装配小锤子检测与评价表

序号	检测内容	配分	量具	检测结果	学生评分	教师评分
1	M10外螺纹	15				
2	M10内螺纹	15				
3	13mm	10				

（续）

序号	检测内容	配分	量具	检测结果	学生评分	教师评分
4	C1	5				
5	螺纹能旋入	20				
6	配合不晃动（不能旋入不得分）	20				
7	锤柄不伸出（不能旋入不得分）	15				
8	文明生产	违纪一项扣20				
	合计	100				

思考与练习

1. 任务一中的步骤4，如果由于锉削的第一个平面质量不好，靠住V形铁时晃动明显，能否把工件仍置于V形铁上划线？能否保证所划线与已加工的面垂直？

2. 如果任务一的加工步骤如图2-76所示，与提供的加工步骤比较，是否有差别？

3. 锯条的锯齿方向安装错误，会造成什么后果？

4. 在任务一中第一个加工面大大超出所划线后，工件会出现什么问题？

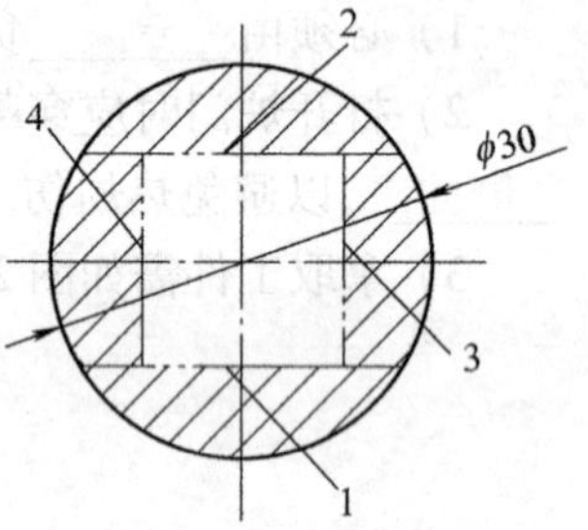

图2-76　另一种加工步骤

5. 基准面质量不高，对加工有什么影响？

6. 大幅提高锯削速度会出现什么后果？

7. 使用划规时，为什么要把划规脚尖部放入钢直尺的刻度槽中？

8. 任务四中划R7mm圆弧操作较复杂，是否有避免措施？

9. 起钻歪斜可能造成什么错误？

10. 为防止钻孔过程中工件受力而偏斜，可以采取什么措施？

11. 如果要求倒角C0.2，如何保证不多倒？

12. 锤柄为什么没有热处理？能不能热处理？

13. 装配后锤头为什么不能晃动？

14. 装配后锤柄顶部为什么不能伸出？

15. 板牙与丝锥损坏的原因有哪些？

16. 如果攻螺纹歪斜，锤柄装配后会有什么现象？

17. 手工攻螺纹和使用攻丝机攻螺纹有何差别？

18. 攻螺纹操作与套螺纹操作有何异同点？

*19. 小锤子既要耐磨，又要能承受冲击力，硬度方面应具有怎样的特性？

项目三 加工正六边形

本项目主要学习利用分度头划线的方法，掌握加工正六边形的工艺知识，巩固锯削、锉削等钳工基本操作技能。通过学习和训练，能够完成如图 3-1 所示的零件。

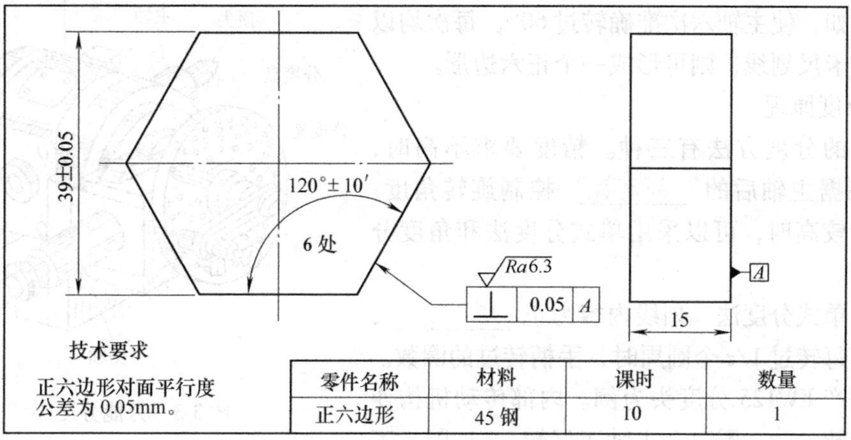

零件名称	材料	课时	数量
正六边形	45 钢	10	1

图 3-1　正六边形

任务一　划　　线

零件图

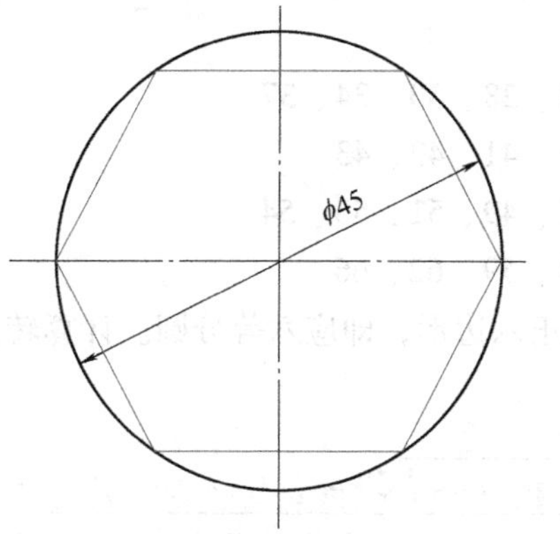

图 3-2　正六边形划线

学习目标

本任务主要学习万能分度头的工作原理，练习利用万能分度头和高度游标卡尺，完成正六边形划线操作。通过本任务的学习和训练，能够完成图3-2所示零件的划线。

相关知识

一、万能分度头的工作原理

1. 万能分度头

万能分度头的结构如图3-3所示。主轴上可安装___卡盘___，卡盘用来装夹圆柱形毛坯。基座放置于___平板上___，分度盘上有若干圈数目不等的___等分小孔___。转动手柄，通过分度头内部的传动机构，带动主轴转动。

主轴转过一定的角度，毛坯即跟着转过相应角度。例如，使主轴六次准确转过60°，每次均以高度游标卡尺划线，则可形成一个正六边形。

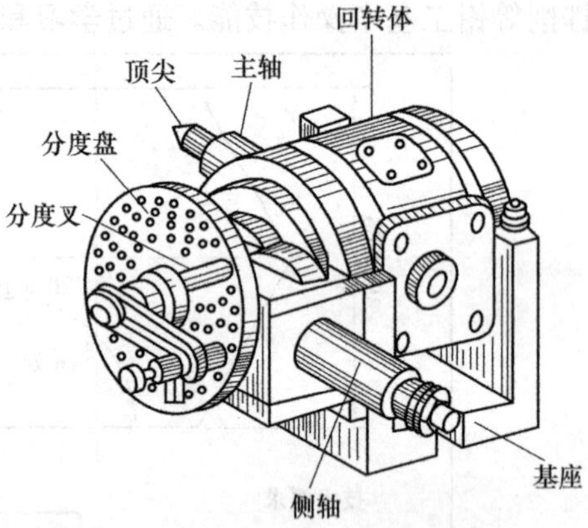

图3-3　万能分度头

2. 分度原理

常用的分度方法有三种。精度要求不高时，可直接根据主轴后的___刻度盘___控制旋转角度；精度要求较高时，可以采用单式分度法和角度分度法控制。

（1）单式分度法　划线内容为正___多边形___，需要计算每转过 $1/z$ 个圆周时，手柄转过的圈数。

以国产FW125分度头为例。内部传动机构使分度手柄转___40___圈时，主轴正好转___1___圈。工件等分数与分度手柄转数之间关系为

$$n=\frac{40}{z}$$

式中　n——分度手柄转数；

40——分度头转换系数（产品的定值）；

z——工件等分数。

实际情况下，n 一般不会是整数。这时需用到分度孔盘。孔盘上有数圈均匀分布的定位小孔，其孔圈为：

第一块　正面　24、25、28、30、34、37

　　　　反面　38、39、41、42、43

第二块　正面　46、47、49、51、53、54

　　　　反面　57、58、59、62、66

［问题］　本任务加工正六边形，即应六等分圆。计算转过手柄圈数。

解： $n=\frac{40}{z}=\frac{40}{6}=6\frac{4}{6}=6\frac{44}{66}$

答： 选用分度盘上孔数为66的孔圈，每次划线后转过6圈，再转过44个孔。

（2）角度分度法　划线内容为一定角度的分度，需要计算转过 θ 角度时，手柄转过的

圈数。

根据分度手柄转 40 圈，主轴转 1 圈，得出分度手柄转一圈，主轴转 9°，可得

$$n = \frac{\theta}{9^\circ}$$

式中 θ——工件需转过的角度。

［问题］ 本任务加工正六边形，即每次转过 60°。计算转过手柄圈数。

解： $n = \frac{\theta}{9^\circ} = \frac{60^\circ}{9^\circ} = 6\frac{6}{9} = 6\frac{44}{66}$

答： 选用分度盘上孔数为 66 的孔圈，每次划线后转过 6 圈，再转过 44 个孔。

图 3-4 高度游标卡尺的微调

二、高度游标卡尺的微调

当需要精确调整至一定高度时（如 20mm），只靠直接移动游标部分，保证精度有一定难度。可按如下步骤操作（图 3-4）。

1）先把游标（副尺）置于 20mm 附近。

2）锁紧 固定螺母 1 。

3）调节 微调螺母 ，使游标的零线与尺身上 20mm 的刻线对齐。

4）锁紧 固定螺母 2 ，划线。

技能训练

一、工艺分析

1. 毛坯

其尺寸为 ϕ45mm × 15mm 的 45 钢。外圆及两端面均为精车表面。

2. 操作步骤

1）在三爪自定心卡盘上装夹毛坯，保证 端面不歪斜 。

2）调节高度游标卡尺至正确高度。

3）划一条线。

4）转动手柄，使卡盘旋转 60°，划第二条线。

5）依次转 60°，划出其余四条线。

二、操作要求

高度游标卡尺的刻度值计算如下。

如图 3-5 所示，由数学关系可得

$$h = H - x,\ x = R - y,\ y = \cos 30^\circ R$$

由毛坯可得

$$R = \frac{45}{2}\text{mm}$$

因此

$$h = H - (R - \cos 30^\circ \times R) = H - R\left(1 - \frac{\sqrt{3}}{2}\right) \approx H - 3.01\text{mm}$$

式中 H——高度游标卡尺测得毛坯最高点；（$H - 3.01$mm）即为划线高度。

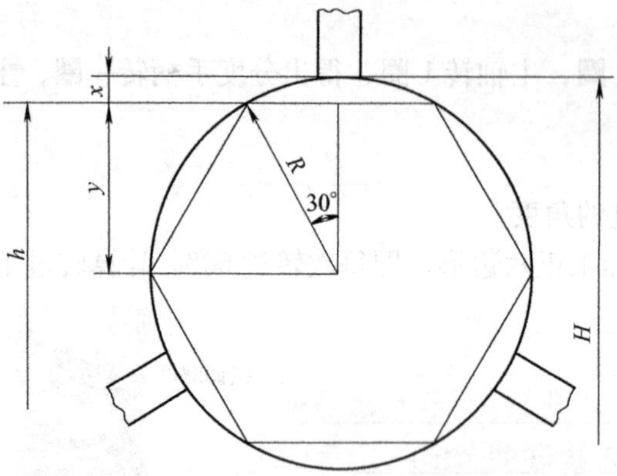

图 3-5　在万能分度头上划线

三、注意事项

本任务的工件只需要在__一__个平面上划线即可确定加工界线。

任务二　锯、锉基准面

零件图

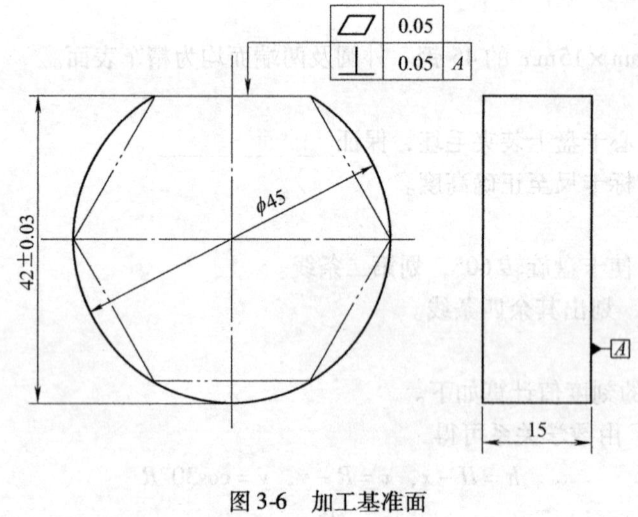

图 3-6　加工基准面

学习目标

本任务主要了解薄板件的基准面对测量其他面的影响，学习薄板件的测量方法，练习锯锉薄板基准面的方法和基本测量技能。通过学习和训练，能够完成如图 3-6 所示的零件。

相关知识

一、基准面的意义

基准面是加工各面的<u>测量基准</u>，应尽可能保证该面的加工质量，<u>平面度</u>是质量的关键。基准面平面度误差将<u>反映到其后加工的面上</u>。因此，基准面应该是工件上各面中质量<u>最好</u>的。本任务要求基准面的平面度公差为0.05mm，对大平面的垂直度公差为0.05mm。

二、基准面的测量

1. 平面度

用刀口形直尺或刀口形角尺多位置检测平面度，各个位置都能保证间隙小于0.05mm，说明平面度合格。图3-7所示为各个检测位置。

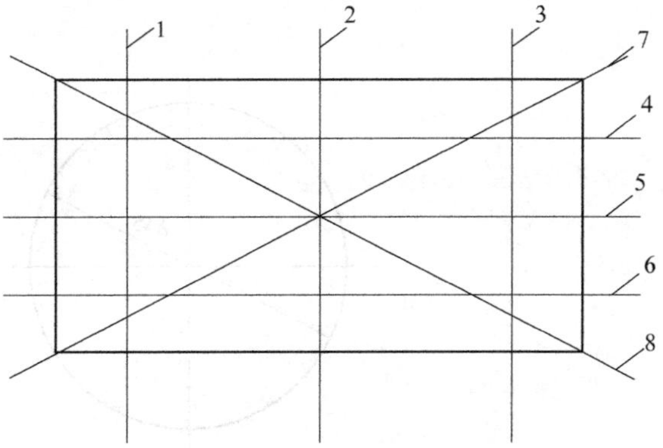

图3-7 平面度误差的检测位置

2. 垂直度

用刀口形角尺，在平面的至少<u>三个</u>位置检测垂直度，各个位置都能保证间隙小于0.05mm，说明垂直度合格。各检测位置如图3-8所示。

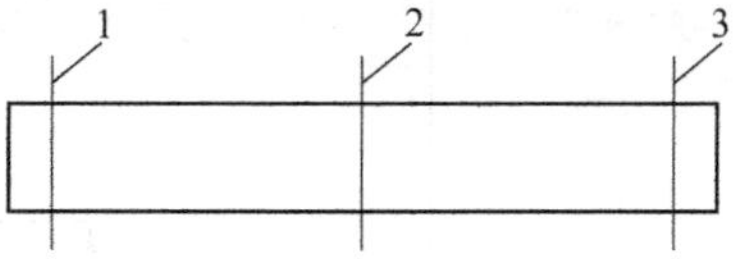

图3-8 垂直度的检测位置

三、锯条的选择

1）锯条一般由渗碳钢冷轧制成，经热处理<u>淬硬</u>后才能使用。锯条的长度以两端装夹孔的中心距来表示，手锯常用的锯条长度为<u>300mm</u>。

2）锯齿的粗细。锯齿粗细以锯条每25mm长度内的<u>锯齿数</u>来表示。锯齿粗细的分类及应用见表3-1。

锯削厚度为10mm左右的板材一般选用<u>中齿锯条</u>。

表3-1 锯齿的规格与应用

锯齿粗细	每25mm内的锯齿数（牙距/mm）	应　用
粗	14～18（1.8）	锯削铜、铝等软材料
中	19～23（1.4）	锯削钢、铸铁等中硬材料
细	24～32（1.1）	锯削硬钢材及薄壁工件

技能训练

一、工艺分析

1. 毛坯

任务一完成后的工件（图 3-2）。

2. 工艺步骤

正六边形要求<u>六边的长度尺寸</u>相等、<u>六个角的角度</u>相等以及<u>三对平行面间尺寸</u>相等。要在加工中准确完成以上要求，应严格按照加工工艺操作。合理的加工步骤见表 3-2。

表 3-2 正六边形工艺步骤

步骤	加工内容	图示
1	在万能分度头上完成正六边形划线	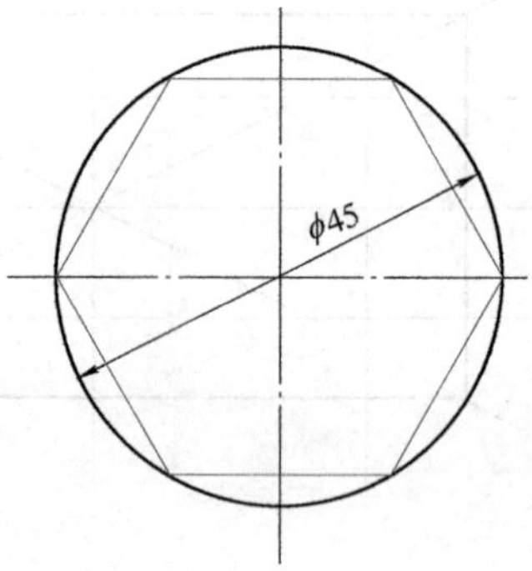
2	加工基准面（第一面）	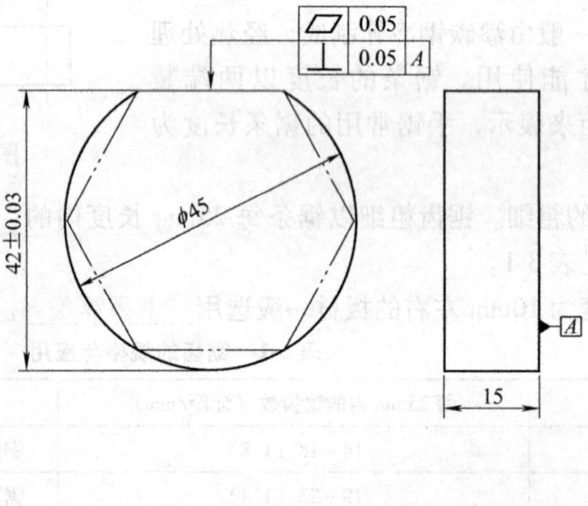

（续）

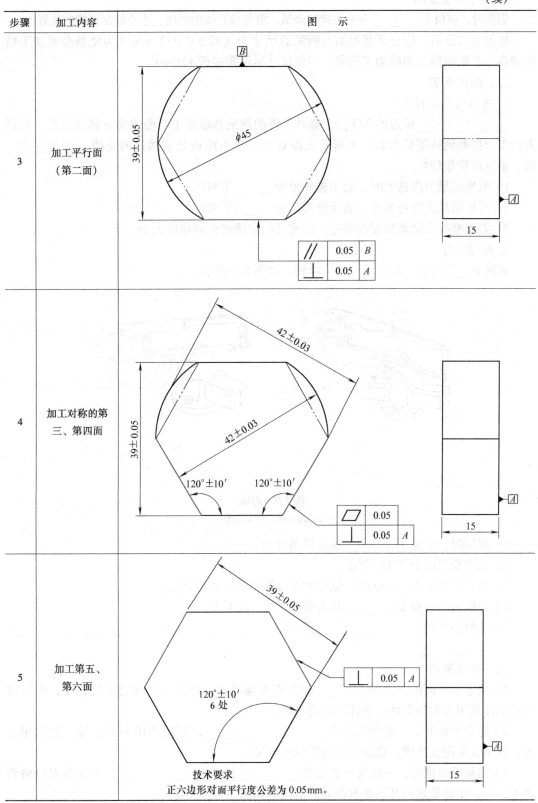

步骤	加工内容	图　示
3	加工平行面（第二面）	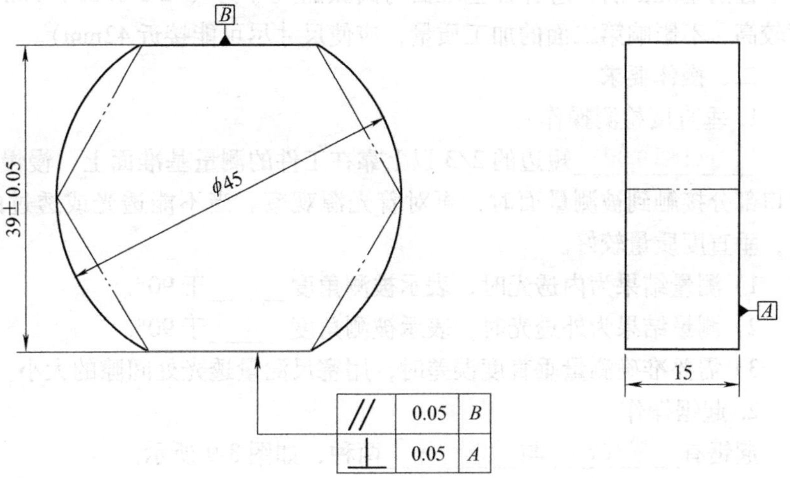
4	加工对称的第三、第四面	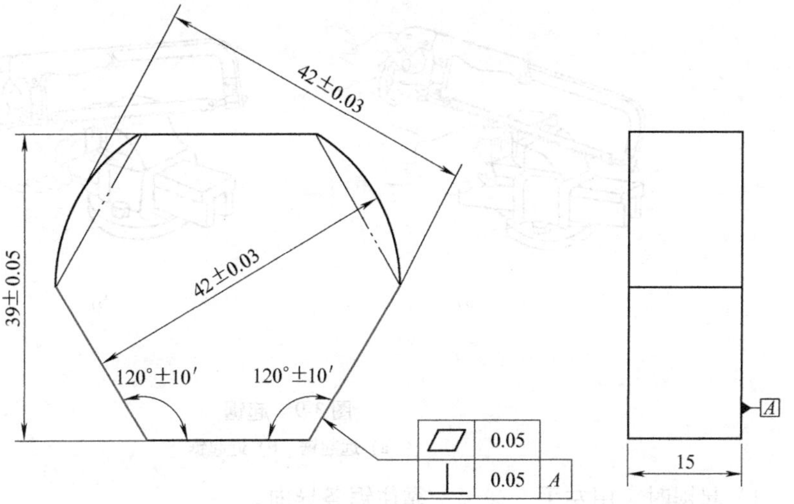
5	加工第五、第六面	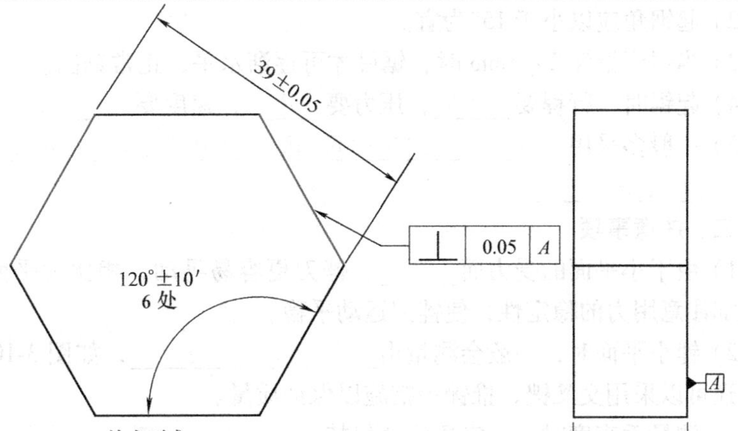 技术要求 正六边形对面平行度公差为 0.05mm。

3. 尺寸控制要求

锯削时，应留下__1mm__左右的锉削余量。沿着所划线的外侧，小心控制锯缝的位置。

锉削基准面后，应保证基准面与圆弧的尺寸为（42±0.03）mm（为使基准面加工精度较高，不影响第二面的加工质量，应使尺寸尽可能接近42mm）。

二、操作要求

1. 垂直度检测操作

__刀口形角尺__短边的2/3以上靠在工件的测量基准面上，慢慢向下移动尺身，直到刀口部分接触到被测量面时，再对着光源观察。当不能透光或透过的光线__均匀一致__时，垂直度质量较好。

1）测量结果为内透光时，表示被测角度__大__于90°。

2）测量结果为外透光时，表示被测角度__小__于90°。

3）需要准确测量垂直度误差时，用塞尺测量透光处间隙的大小。

2. 起锯操作

起锯有__远起锯__与__近起锯__两种，如图3-9所示。

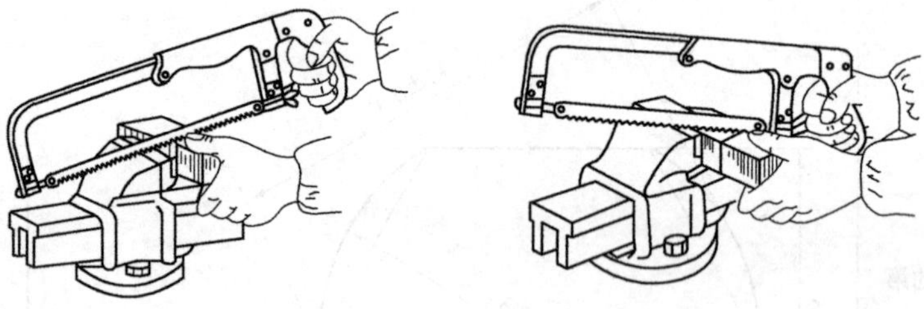

a)　　　　b)

图3-9　起锯

a）远起锯　b）近起锯

1）起锯时，用左手__拇指__靠住锯条导向。

2）起锯角应以小于15°为宜。

3）当锯到槽深2~3mm时，锯弓才可逐渐水平，正常锯削。

4）起锯时，行程要__短__，压力要__小__，速度要__慢__。

5）一般多采用__远起锯。因为远起锯时锯条的锯齿是逐步切入材料的，锯齿不易被卡住，起锯也较方便__。

三、注意事项

1）由于小平面的受力面__小__，锉刀更容易晃动，相比大平面更不易锉平，操作时应更加注意用力的稳定性，使锉刀运动平稳。

2）锉小平面时，一般会测量出__中间高、两边低__，如图3-10所示。除了控制用力外，还可以采用交叉锉、推锉等措施以保证质量。

3）测量垂直度时，一定要注意保持__短边与测量基准面相靠紧__，不能在刀口碰到测量面后，出现短边离开测量基准面的情况，如图3-11所示。

图 3-10　锉削平面中间高、两边低

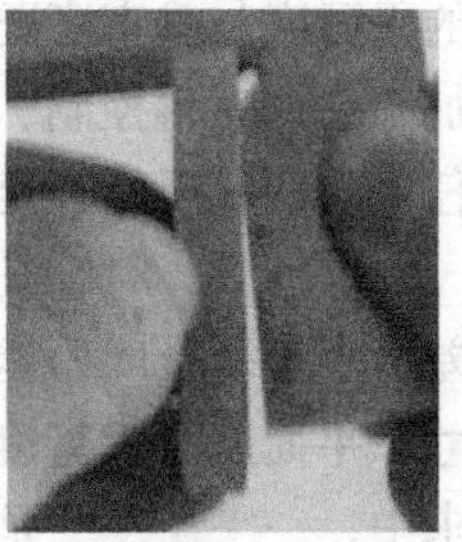

图 3-11　测量时与基准面分离

4）起锯处为圆弧面时，需特别小心，防止打滑。

5）由于知识基础原因，本项目不考虑利用尺寸链保证尺寸。

任务三　锯、锉平行面

零件图

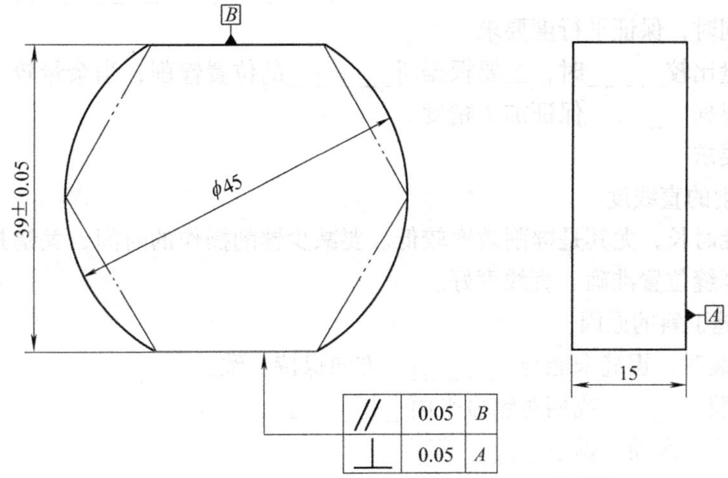

图 3-12　加工平行面

相关知识

本任务主要学习利用尺寸控制保证平行度的方法，练习锉削平面，要同时保证尺寸、平面度、垂直度和平行度。通过本任务的学习和训练，能够完成如图 3-12 所示的零件。

知识学习

一、平行度的保证方法

基准面的对面是第二个加工的面，除了要求平面自身的＿平面度＿、对大平面的＿垂直度，还要求对基准面的平行度，简称为平行面。

平行面的平面度与垂直度要求及测量方法与基准面类似，重点在于平行度的控制。不能等到基本加工完成时再控制，必须在刚开始锉削就不断检测。

对于本任务的狭长平面，至少要在长度方向上选三个点，分别测量尺寸。当基准面的误差较小，可以忽略时，几个尺寸之差的大小可以反映平行度误差值。当几处尺寸值非常接近，差值小于平行度公差时，可以判断平行度符合要求。

二、尺寸、平面度、垂直度和平行度的同时控制

四项要求中，平面度是最基本的，主要靠手感控制，辅之以测量；其次是垂直度，手感和测量并重；尺寸控制以测量为主，而平行度以测量尺寸为保证。

钳工锉削平面时，通常对四项指标同时要求。而四项指标又互相影响，当任意一项距离要求差距过大时，又会造成其他指标的不合格。

技能训练

一、工艺分析

1. 毛坯

任务二完成后的工件（图3-6）。

2. 尺寸控制要求

根据图样要求，应保证两平行面间的尺寸为（39 ± 0.05）mm。通过多点测量，在保证尺寸的同时，保证平行度要求。

在锉削余量比较多时，主要根据所划线的位置锉削；当余量较少时，必须经常测量，根据尺寸保证加工精度。

二、操作要求

1. 保证锯削的直线度

钳工操作耗时长，尤其是锉削效率较低。要减少锉削操作的时间，关键是减少锉削余量，要求锯缝位置准确、直线度好。

2. 发生锯缝歪斜的原因

1）工件安装时，锯缝未能与铅垂线方向保持一致。

2）锯条安装太松或相对锯弓平面扭曲。

3）锯削压力太大而使锯条左右偏摆。

4）锯弓未扶正或用力歪斜。

避免了以上问题后，再加上锯削时经常注意锯缝与所划线的偏移量，可以在很大程度上保证锯削的直线度。

三、注意事项

1）如果基准面的平面度误差不能忽略，被加工平面对基准面的平行度将受到基准面平面度误差的影响。

2）平行面完成后，要与基准面能区分开，可以在基准面上或侧面用划线涂料作记号。

任务四 锯、锉第三、四面

零件图

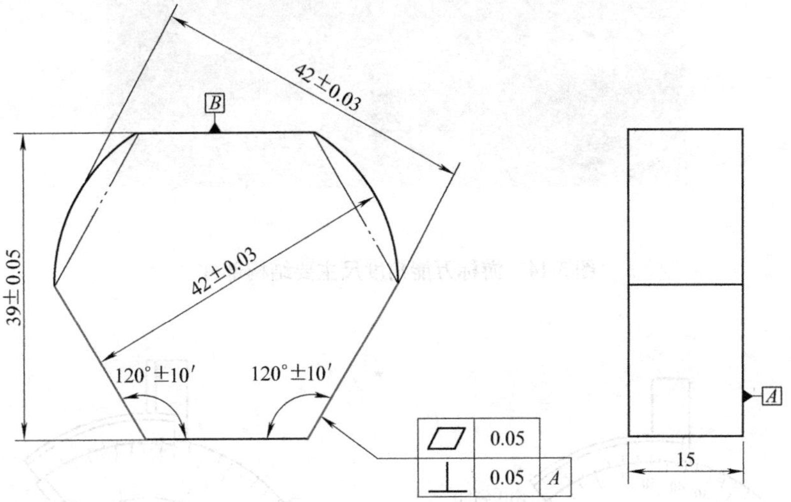

图 3-13 加工第三、第四面

学习目标

本任务主要学习游标万能角度尺的使用方法，练习角度的测量，并进一步提高锯削、锉削的质量。通过本任务的学习和训练，能够完成如图 3-13 所示的零件。

相关知识

一、游标万能角度尺

1. 结构与读数

游标万能角度尺的结构如图 3-14 所示，主要结构除了__主尺__、__游标__（旋转形式）外，还有__直角尺__和__刀口形直尺__两个组合件。

读数方法与__游标卡尺__相似，先从尺身上读出__游标零线__前的整度数，再从__游标__上读出角度（单位为分）的读数，两者__相加__就是被测的角度值。

2. 测量范围

游标万能角度尺是用来测量工件内外__角度__的量具，测量范围是__0°__ ~ __320°__。各角度范围的测量方法如图 3-15 所示。

游标万能角度尺也经常在调整好角度后，当作__样板__测量角度。

3. 操作要求

测量前应将__测量面__和__工件__擦干净，直尺调好后将卡块紧固螺钉拧紧。测量时应先将基尺贴靠在工件__测量基准__面上，然后缓慢移动游标，使直尺紧靠在工件表面再读出读数。

图 3-14 游标万能角度尺主要结构部件

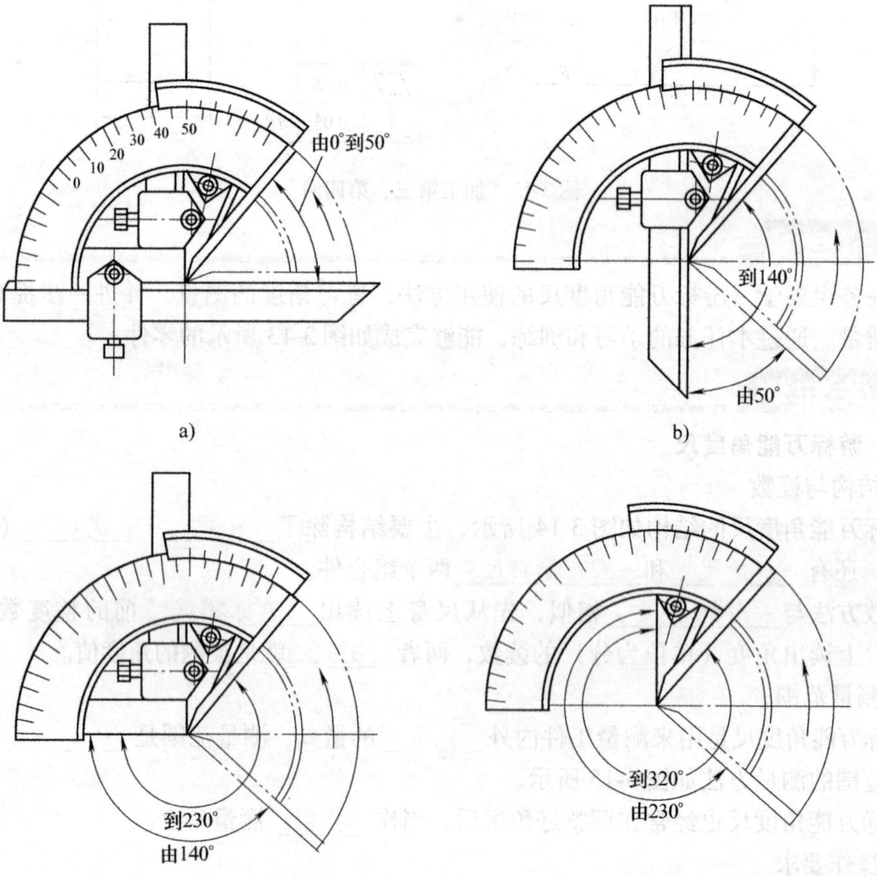

图 3-15 游标万能角度尺测量范围

a) 0°~50° b) 50°~140° c) 140°~230° d) 230°~320°

二、边长的控制

钳工操作中有时需要测量一些边长，但用游标卡尺或千分尺不易<u>准确测量</u>。例如，本项目中的六条边，各边的两端都不平行。

这种边长有两种方法控制：

1）用游标卡尺的测量爪或其尖部对准所测边的端部测量，但精度不高，如图3-16所示。

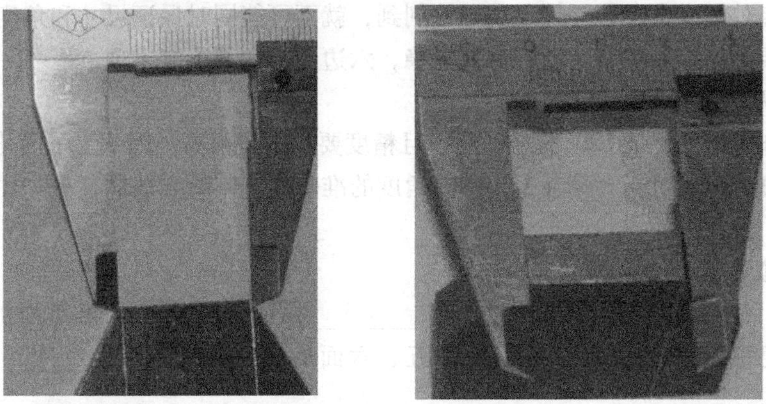

a)　　b)

图3-16　游标卡尺测边长

a）用尖部测量　b）用平面测量

2）用相关尺寸间接保证。如图3-17所示，本任务中边长 L 可通过对边尺寸42mm间接控制。

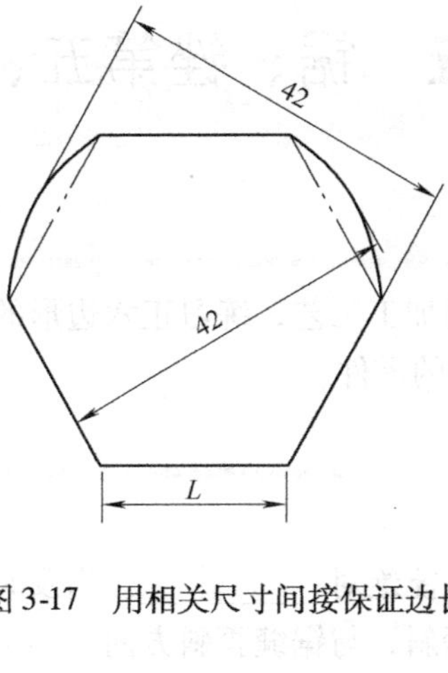

图3-17　用相关尺寸间接保证边长

技能训练

一、工艺分析

1. 毛坯

任务三完成后的工件（图3-12）。

2. 工艺步骤

1）锯、锉第三面（与基准面相邻面），同时保证尺寸（42±0.03）mm和角度120°±10′。

2）锯、锉第四面（与基准面相邻的另一面），且保证尺寸（42 ± 0.03）mm 和角度 120° ± 10′。

二、操作要求

1. 同时保证尺寸和角度

操作的重点是同时保证__尺寸和角度__。由于正六边形是毛坯 ϕ45mm 的内接正六边形，角部顶点处没有余量，一旦不小心锉削到，就不可能同时保证尺寸和角度。

锉削时要严格控制锉刀运动，保持平稳，六边形的角部不能出现__塌角__。

2. 游标万能角度尺的调节

由于操作目的是保证 120°的准确性，且精度要求不是很高，因此为了简化测量，可以先调整好角度，再通过__间隙大小__判断角度的准确性。判断方法同任务二中垂直度的检测。

三、注意事项

1）本项目中的边长适合用相关尺寸__间接__保证。当第三、第四面加工完成时，基准面的长度就被控制。当任务五中第五、六面加工完成时，__六个边长__都能得到控制。

2）由于有三条边的位置要依靠测量外圆部分保证，因此外圆质量的好坏直接影响到加工精度。在整个项目中不能由于__装夹__损伤外圆，同时，在锯削或锉削过程中也应避免损伤未加工的外圆部分。

3）游标万能角度尺在使用过程中需要不定期地检查调定的角度。

任务五　锯、锉第五、六面

学习目标

本任务主要学习正六边形的加工工艺，练习正六边形的检测方法。通过本任务的学习和训练，能够完成如图 3-1 所示的零件。

相关知识

一、锯削的纠偏

即使很小心，锯削时也不可能绝对__不偏斜__。当及时发现时可以__纠偏__。

锯削时扳动锯弓，使锯条歪斜，与锯缝歪斜方向__相反__。由于锯路的作用，会使锯缝慢慢回复到正确的位置。在接近正确位置时，就要__停止__扳动锯弓，否则又将反方向歪斜。

二、正六边形工艺知识

除了本项目提供的加工步骤外，正六边形的加工步骤还可以如图 3-18b 所示。

本项目提供的加工步骤，各尺寸、角度多数可以直接测量，少数通过一次换算间接得出。而图 3-18b 中从第 2 条边起，角度从直接测量，到一次间接测量、再到两次、三次间

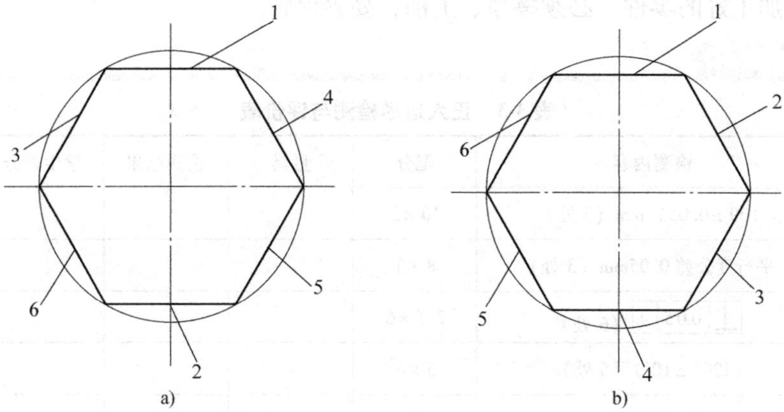

图 3-18　正六边形工艺步骤
a）本项目工艺步骤　b）其他工艺步骤

接测量，误差被不断＿积累＿，质量很难保证。在角度不能保证时，控制平行度和保证角度发生冲突，整个工件无法保证质量。

三、检测要求

在钳工操作中，除了零件加工过程中需要不断检测，产品完成后应作＿全面检测＿。

技能训练

一、工艺分析

1. 毛坯

任务四完成后的工件（图 3-13）。

2. 工艺步骤

1）锯、锉第五面，保证尺寸＿（39 ±0.05）mm＿，控制平行度。

2）锯、锉第六面，保证尺寸＿（39 ±0.05）mm＿，控制平行度。

3）倒角。

4）检测。

二、操作要求

1. 锉削余量的控制

随着技术水平的提高，可以逐步减少＿锉削余量＿，把锯削的位置靠近所划线，保证在 0.5mm 左右即可。

2. 检测

工件完成后的检测，需要全方位测量。例如，测六个角度，由于整个工件中心对称，虽然在加工时选择了基准面，但对工件而言并没有所谓的基准面。每个面由于放置位置的不同都可以成为＿测量基准＿。因此，对于每个角度不但要多点测量，还因该调换＿测量基准＿再测。只有＿任意＿调换基准后测量正确，才能保证加工符合要求。

三、注意事项

1）纠偏只适用于歪斜＿较小＿时；当偏差很大时无法纠偏，只能＿调头＿锯削，或者从＿侧面＿锯削。

2）对于加工好的零件，必须擦净、上油，妥善保管。

检测与评价

表 3-3　正六边形检测与评价表

序号	检测内容	配分	量具	检测结果	学生评分	教师评分
1	（39 ±0.05）mm（3 处）	10 ×3				
2	平行度公差 0.05mm（3 处）	8 ×3				
3	⊥ 0.05 A（6 处）	2.5 ×6				
4	（120° ±10′）（6 处）	5 ×6				
5	倒角	1				
6	文明生产	违纪一项扣 20				
合　计		100				

思考与练习

1. 在万能分度头上划正六边形，既可以转六次，划六次，也可以每转一次划两条平行线，共转三次完成，如图 3-19 所示。哪种方法更好？为什么？

2. 平面大一些容易锉平，还是小一些容易锉平？为什么？

3. 为什么硬材料用细齿锯、软材料用粗齿锯？

4. 为什么薄材料用细齿锯、厚材料用粗齿锯？

5. 有没有既符合工艺要求，又与本项目不完全相同的加工步骤？

6. 外圆直径对基准面加工的尺寸有没有影响？对平行面间的尺寸有没有影响？

7. 正多边形与毛坯圆内接或不内接，加工多边形时哪种情况更容易？

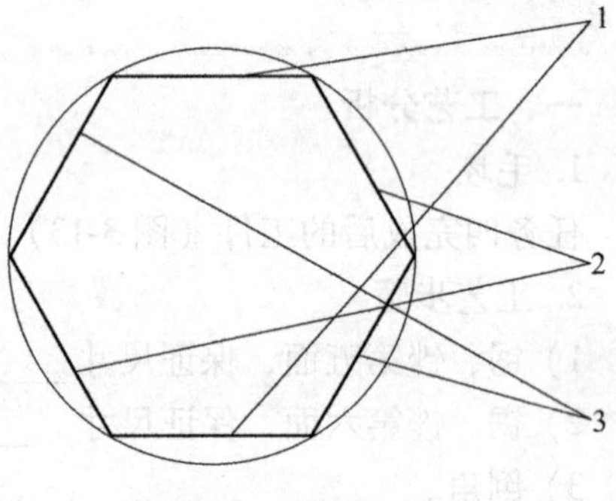

图 3-19　三次划线

8. 如果项目二的正四边形也先用分度头划好线，四个面是否有严格的加工顺序？

项目四 制作V形块

本项目主要学习錾削、锉削等钳工基本加工方法，熟悉錾削、锉削工具的使用方法，练习平面錾削和大平面锉削等操作技能。通过本项目的学习和训练，能够完成如图4-1所示的零件。

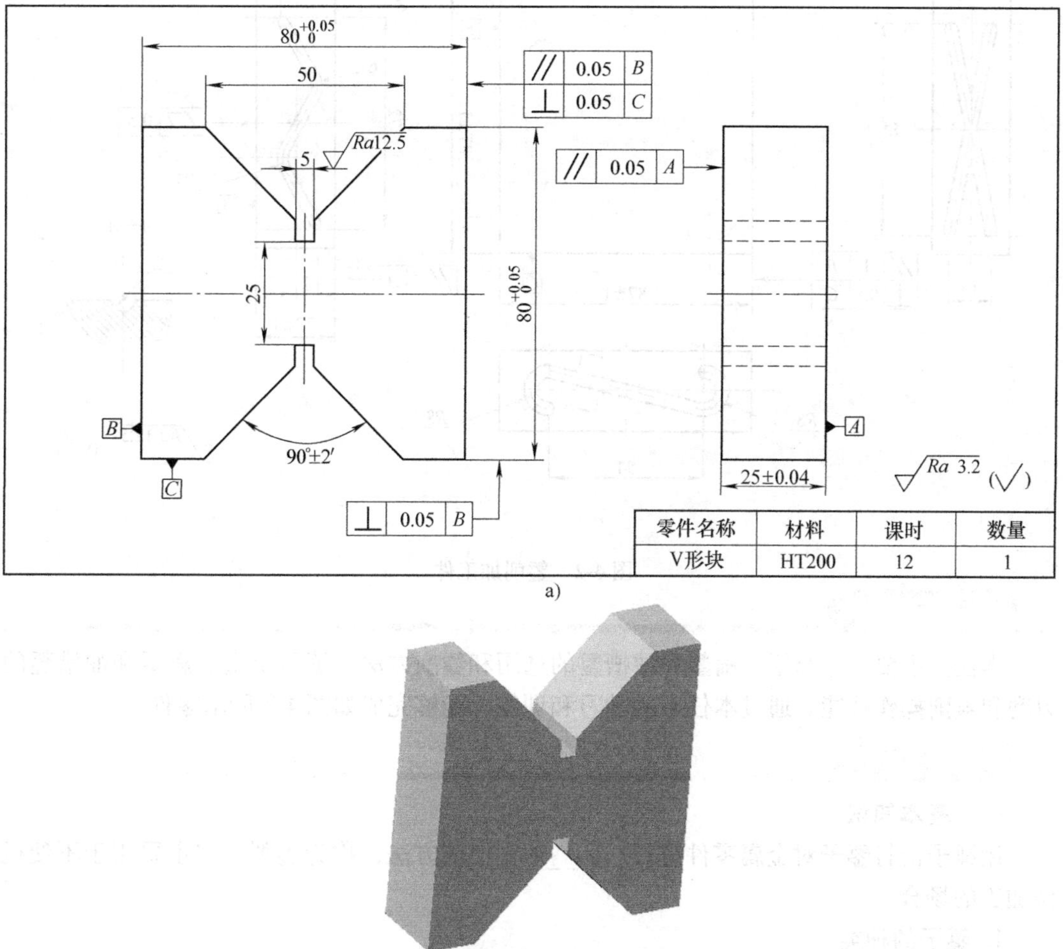

零件名称	材料	课时	数量
V形块	HT200	12	1

a）

b）

图4-1　V形块

a）零件图　b）立体图

*任务一　錾削练习

零件图

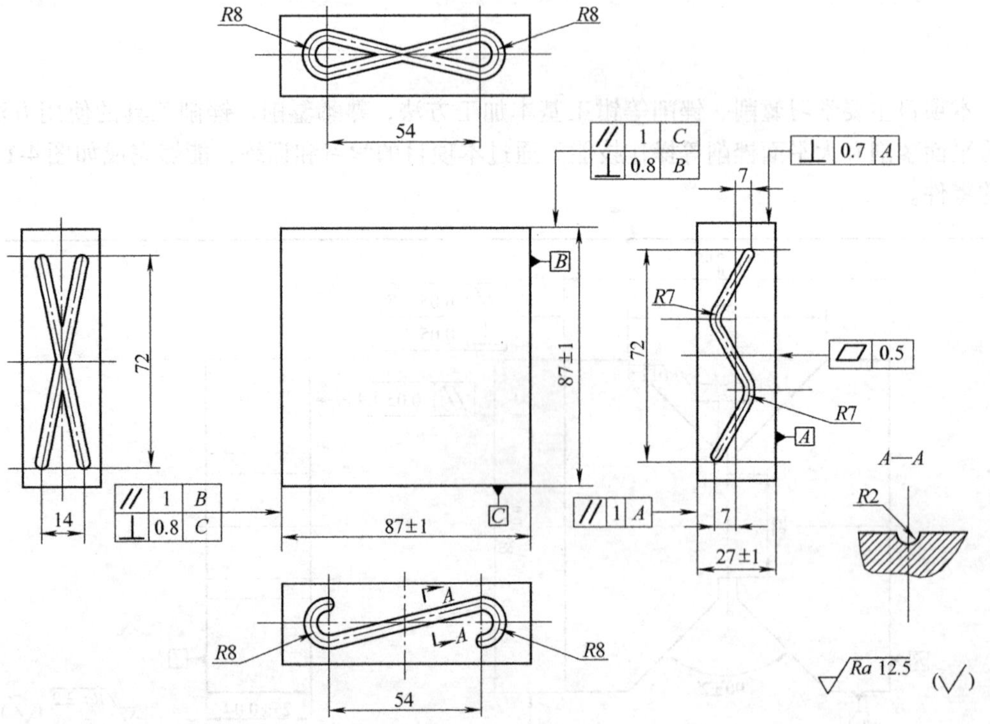

图 4-2　錾削加工件

学习目标

本任务主要学习窄錾、扁錾和油槽錾的选用和錾削方法，练习窄錾、扁錾和油槽錾的刃磨和錾削操作技能。通过本任务的学习和训练，能够完成如图 4-2 所示零件。

相关知识

一、基本知识

用锤子击打錾子对金属零件进行__切削加工__的方法，称为錾削。它主要用于不便机械加工的场合。

1. 錾子的种类

錾子按使用场合不同可分为__扁錾__、__窄錾__和__油槽錾__三种，如图 4-3 所示。

2. 錾子的选用（图 4-4）

1）平面选用__扁錾__进行錾削，如图 4-4a 所示。

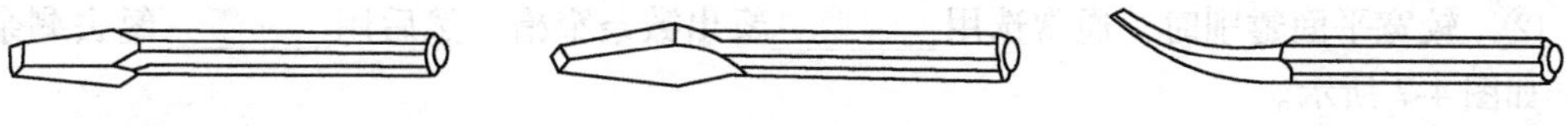

图4-3 錾子的种类

a）扁錾 b）窄錾 c）油槽錾

2）窄槽选用__窄錾__进行錾削，如图4-4b所示。

3）油槽选用__油槽錾__进行錾削，如图4-4c所示。

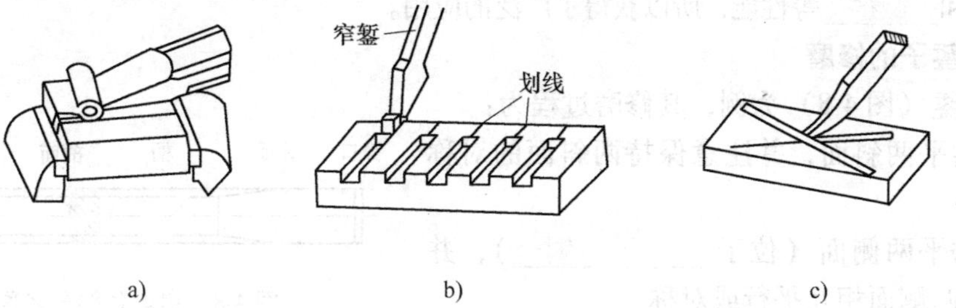

图4-4 錾子的选用

a）錾平面 b）錾窄槽 c）錾油槽

4）板料切断选用__扁錾__在台虎钳或铁砧上进行切断，如图4-5所示。

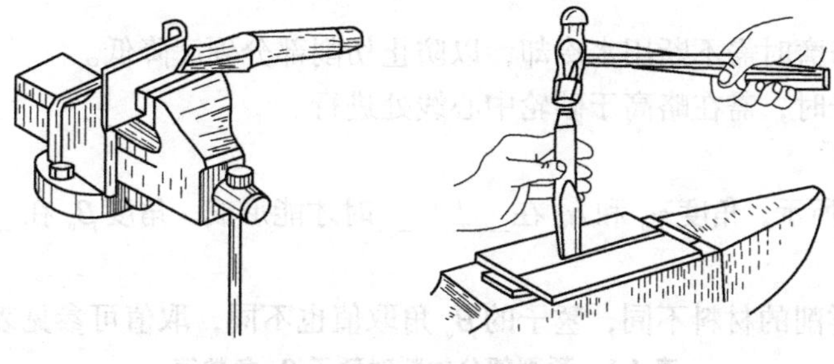

图4-5 錾削切断

a）在台虎钳上錾切 b）在铁砧上錾切

［**注意**］

① 有一定厚度及形状较复杂板料的切断，应先按划线钻出排孔，再用__窄錾__逐步切断，如图4-6所示。

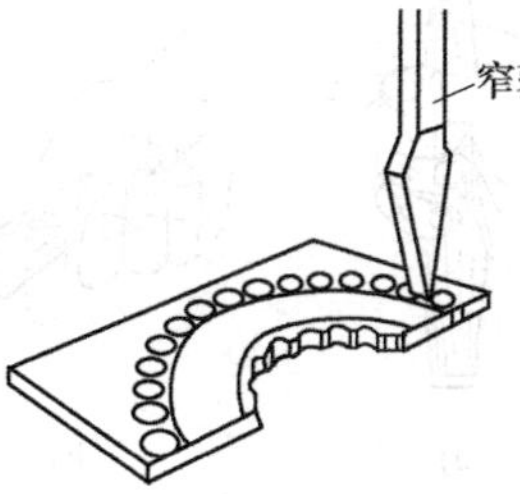

图4-6 复杂板料的錾切

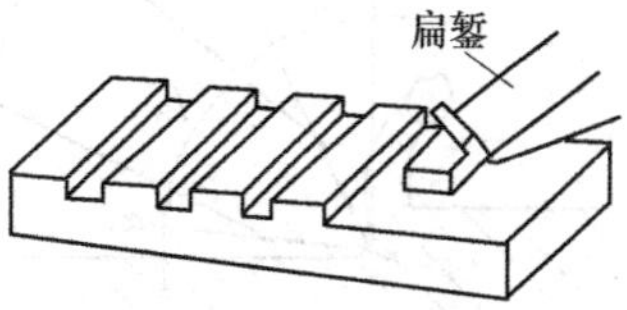

图4-7 较宽平面錾削

② 较宽平面錾削时，通常选用 窄錾 錾出数条窄槽，然后用 扁錾 錾去剩余部分，如图 4-7 所示。

3. 材料知识

本项目使用的材料是 HT200，该牌号表示材料为 灰铸铁 ，其中“200”表示 抗拉强度为 200MPa 。

铸铁是碳的质量分数 大于 2.11% 的铁碳合金。铸铁和钢相比，虽然力学性能 较差 ，但是它具有优良的 铸造 性能和 机械加工 性能，生产成本 较低 ，并具有耐压、耐磨和 减振 等性能，所以获得了广泛的应用。

二、錾子的修磨

以扁錾（图 4-8）为例，其修磨过程为：

1）磨平两斜面，并注意保持两斜面的对称性。

2）磨平两侧面（位于 斜面两侧 ），并注意保持两侧面相互平行或对称。

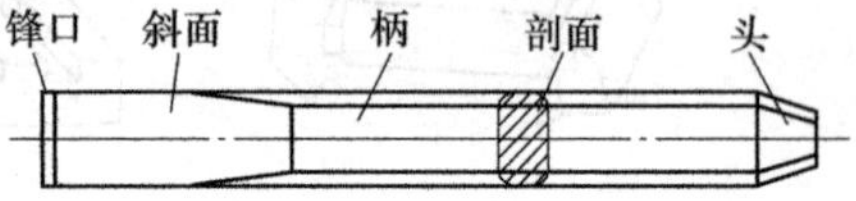

图 4-8 扁錾各部分名称

3）磨头部锋口，并注意保持两个平面的对称性。两平面的交线为 切削刃 ，位于两平面的对称面上，两平面并构成一定的角度，其交线 切削刃 为一条直线，如图 4-8 所示。

［**注意**］

① 錾子在修磨时需不断用水冷却，以防止切削部分硬度降低。

② 修磨錾子时，需在略高于砂轮中心线处进行。

［**说明**］

① 如图 4-9 所示，角度 γ_o 和 α_o 在 工作 时才能形成，角度 β_o 在 修磨錾子 时形成。

② 根据所錾削的材料不同，錾子的 β_o 角取值也不同，取值可参见表 4-1。

表 4-1 錾削部分材料时錾子 β_o 角数值

材料	硬钢、铸铁	中碳钢	铜、铝
β_o	60° ~70°	50° ~60°	30° ~50°

三、錾削操作

1. 錾子握法

錾子握法如图 4-10 所示。

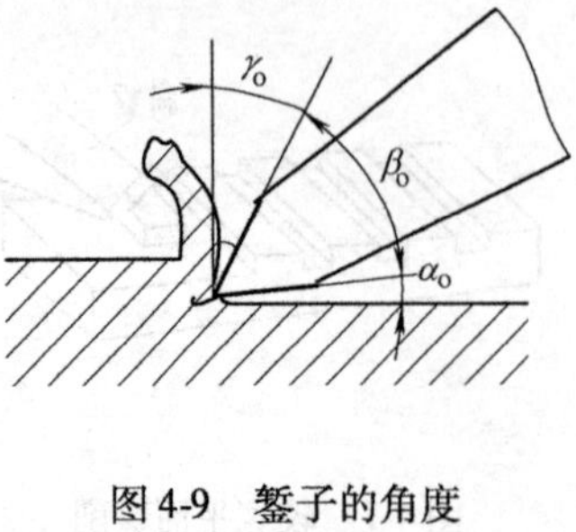

图 4-9 錾子的角度

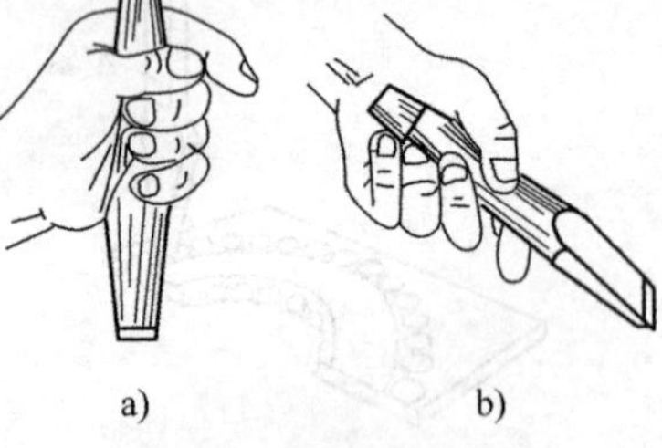

图 4-10 錾子的握法

［**注意**］

① 錾子头部伸出约 20mm 。

② 錾子不能握得 太紧 。

③ 錾削时握錾子的手要保持与小臂成水平位置，肘部不能下垂或抬高。

2. 锤子握法

锤子一般采用右手 满握 ，虎口对准锤头方向，木柄尾端露出 15～30mm ，如图4-11所示。

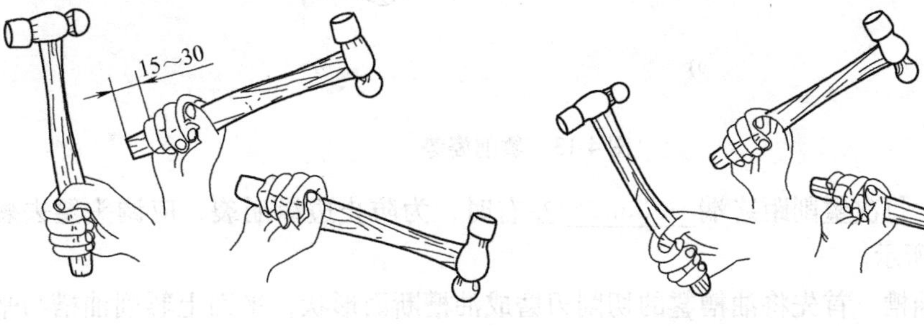

图4-11　锤子的握法

a）紧握法　b）松握法

［**说明**］

① 图4-11a所示为紧握法，五个手指从举起锤子至敲击都保持不变。

② 图4-11b所示为松握法，在举起锤子时小指、无名指和中指依次放松，敲击时再依次收紧。

3. 挥锤方法

挥锤有腕挥、肘挥和臂挥三种方法，如图4-12所示。

［**说明**］

① 腕挥用手腕的动作挥锤，紧握法握锤，一般用于錾削余量较小及起錾和收錾。

② 肘挥用手腕与肘部一起挥锤，松握法握锤，锤击力 较大 ，应用也最多。

③ 臂挥是手腕、肘和全臂一起挥锤，锤击力 最大 ，用于大力锤击的工作。

4. 錾削姿势

为了充分发挥较大的敲击力量，操作者必须保持正确的站立位置，錾削姿势如图4-13所示。

［**注意**］錾削时，视线要落在工件的 切削部位 。

5. 錾削方法

（1）起錾　起錾时，从工件的 边缘尖角 处着手，如图4-14a所示，或者使錾子与工件起錾端面基本垂直，如图4-14b所示，再轻敲錾子，即可容易准确和顺利地起錾。

（2）錾削深度　錾削深度以选取 1mm 为宜。錾削余量大于2mm时，可分几次錾削。

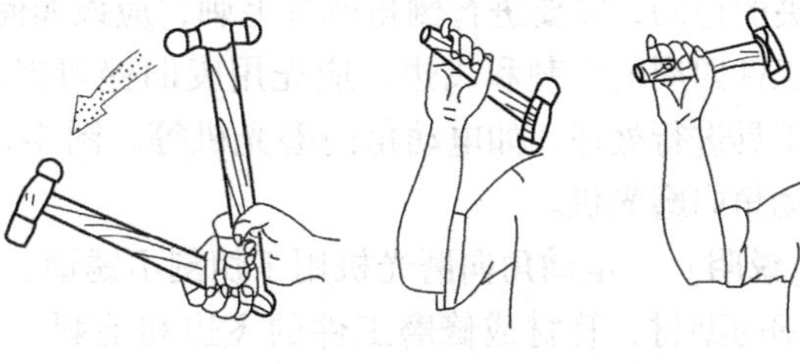

图4-12　挥锤方法

a）腕挥　b）肘挥　c）臂挥

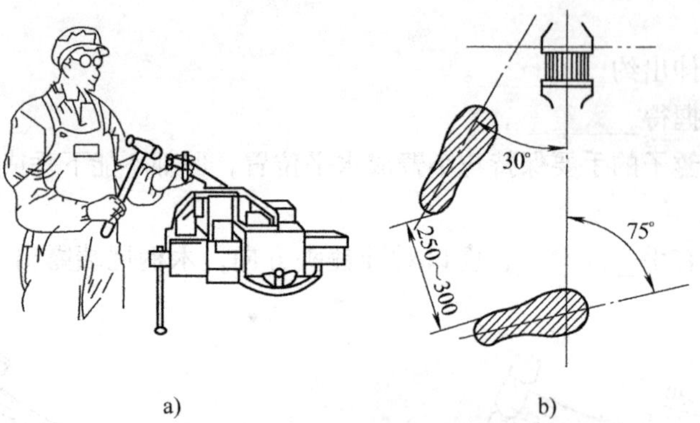

图 4-13　錾削姿势

（3）收錾　每次錾削距终端 10mm 左右时，为防止边缘崩裂，应调头錾去剩余部分，如图 4-15 所示。

（4）錾削油槽　首先将油槽錾的切削刃磨成油槽断面形状，平面上錾削油槽与平面錾削方法相同。曲面上的油槽錾削应保持錾子切削角度不变，錾子随曲面曲率而改变倾角。錾后用锉刀、油石修整毛刺。

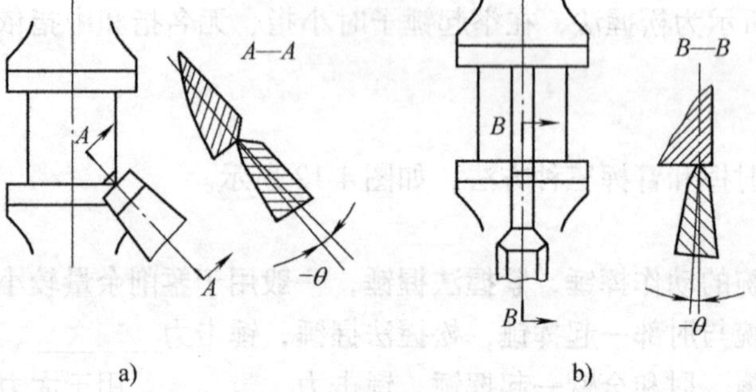

图 4-14　起錾方法
a）斜角起錾　b）正面起錾

［问题］对于较大的铸、锻件毛坯，为避免划伤手部，并保证装夹的稳固，需要进行倒角或去毛刺，应该如何处理？

工件四周的毛刺和飞边，应先用废旧锉刀锉去，或者使用电动工具进行处理，如电动角向磨光机等。图 4-16 所示为手持式电动角向磨光机。

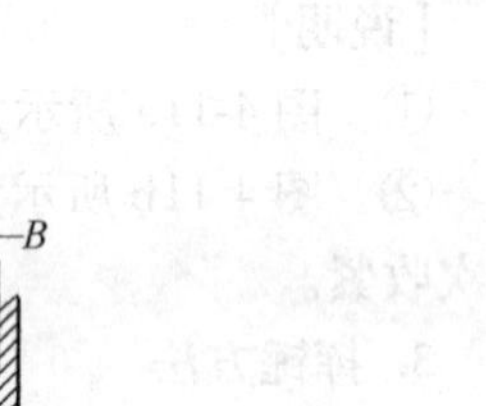

图 4-15　调头收錾

［说明］　电动角向磨光机用于切割不锈钢、合金钢、普通碳素钢的型材，管材或修磨工件的飞边和毛刺。在电动角向磨光机上换上专用砂轮可切割砖、石、石棉波纹板等建筑材料；换上圆盘钢丝刷，可用于除锈，砂光金属表面；换上抛轮则可抛光各种材料的表面。

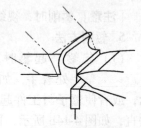

电动角向磨光机已在机械制造、造船、电力、建筑等行业获得了广泛的应用。

［**注意**］

① 在使用前应详细了解电动角向磨光机的性能和掌握正确使用的方法。

② 不得任意将保护器件拆除，使用前检查防护器件有无缺陷。

③ 使用前必须检查确保工具是完好无损的，并且符合电动工具要求。

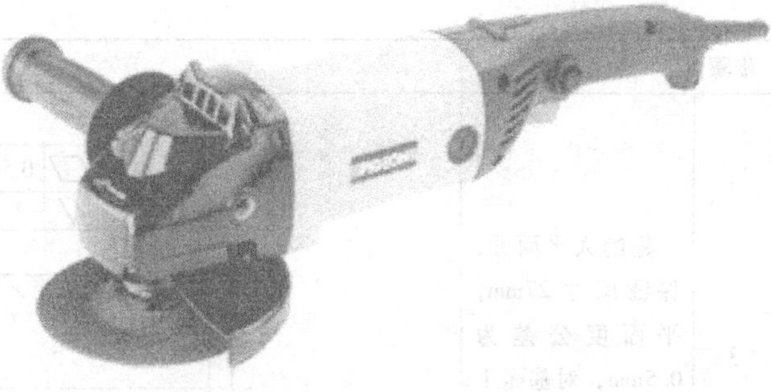

图4-16 手持式电动角向磨光机

④ 在使用电动角向磨光机时，一定要将工件进行可靠的装夹。

⑤ 使用电动角向磨光机时，应避开易燃、易爆的环境。

⑥ 使用电动角向磨光机时，操作者应避开工具的回转面，用力适中且均匀。

技能训练

一、工艺分析

1. 毛坯

毛坯尺寸为95mm×95mm×35mm，材料为HT200。

2. 工艺步骤

工艺步骤见表4-2。

表4-2 錾削加工件工艺步骤

步骤	加工内容	图 示
1	錾削大平面Ⅰ，保证平面度公差0.5mm	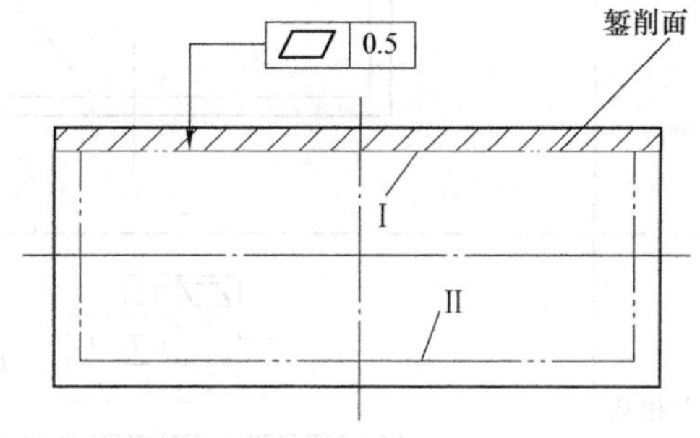
2	划线，以大平面Ⅰ为粗基准，划尺寸27mm加工线	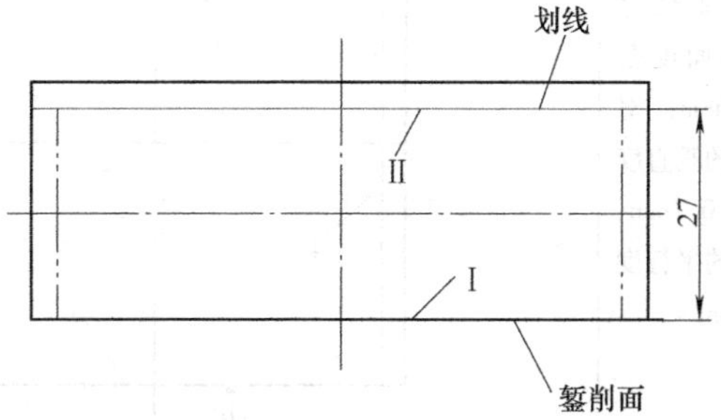

（续）

步骤	加工内容	图　示
3	錾削大平面Ⅱ，保证尺寸 27mm，平面度公差为 0.5mm，对基面Ⅰ的平行度公差为 1mm	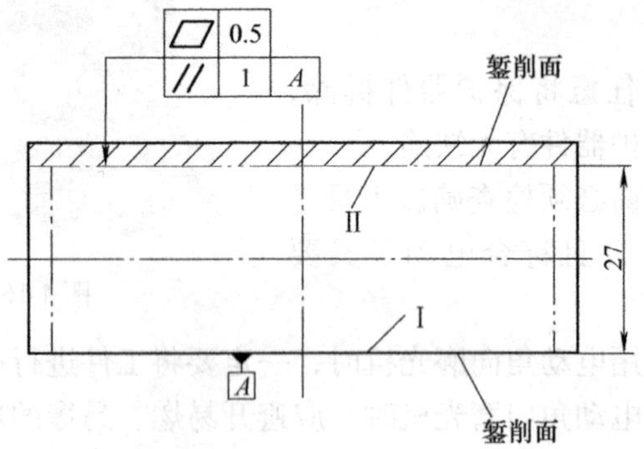
4	錾削侧面 1，保证平面度公差 0.5mm，对大平面Ⅰ的垂直度公差为 0.7mm	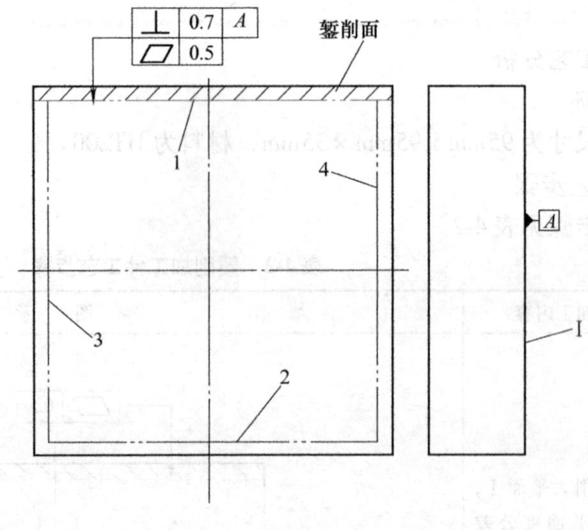
5	以侧面 1 为粗基准，划尺寸 87mm 加工界线。錾削对面 2，保证尺寸 87mm，平面度公差为 0.5mm，对大平面Ⅰ的垂直度公差为 0.7mm，对侧面 1 的平行度公差为 1mm	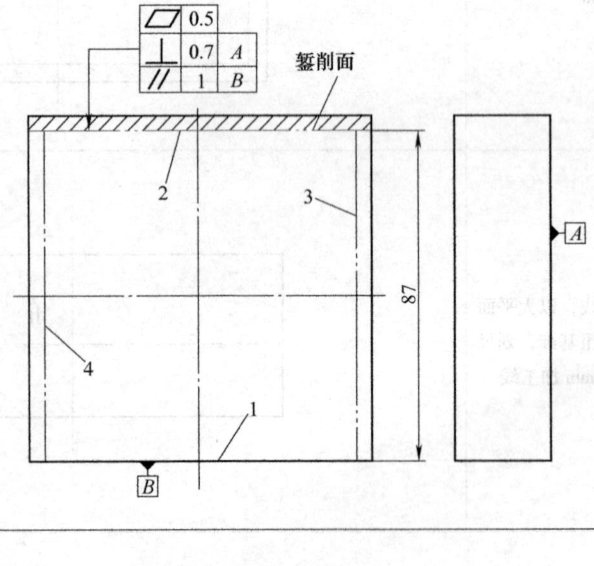

（续）

步骤	加工内容	图示	
6	錾削侧面4，保证平面度公差0.5mm，对大平面Ⅰ的垂直度公差为0.7mm，对侧面1的垂直度公差为0.8mm	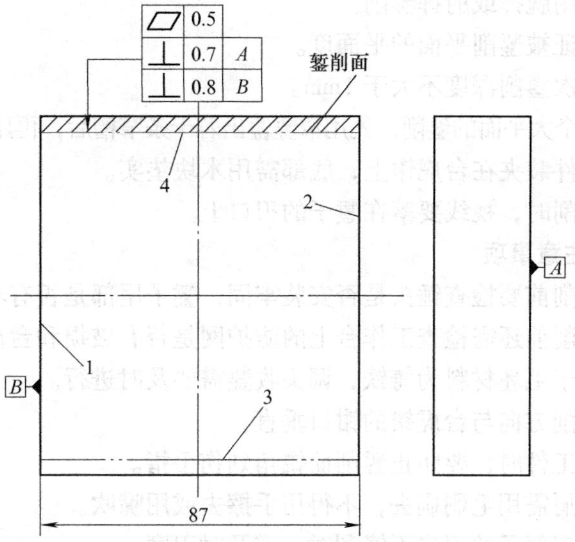	
7	以侧面4为粗基准，划尺寸87mm的加工界线。錾削对面3，保证尺寸87mm，平面度公差为0.5mm，对大平面Ⅰ的垂直度公差为0.7mm，对侧面1垂直度公差为0.8mm，对侧面4的平行度公差为1mm	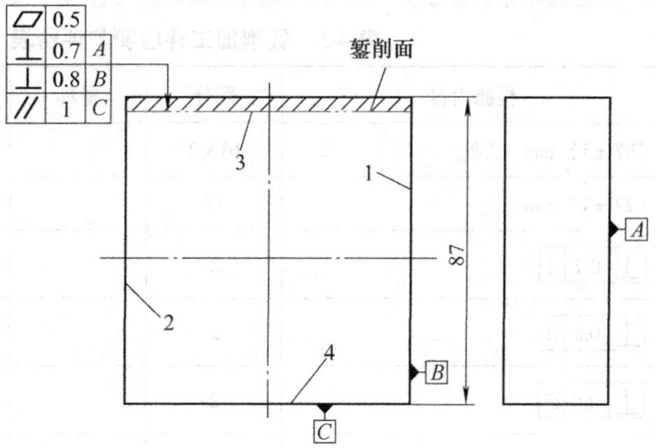	
8	划油槽线，錾油槽	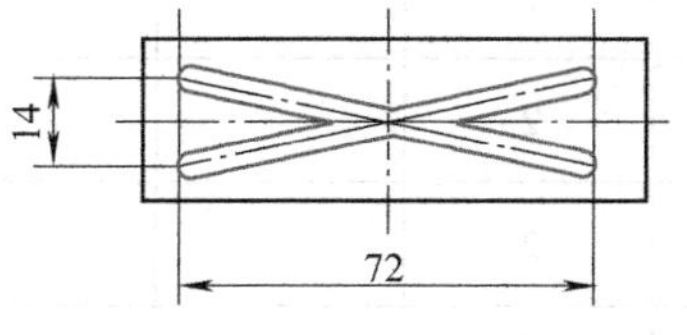	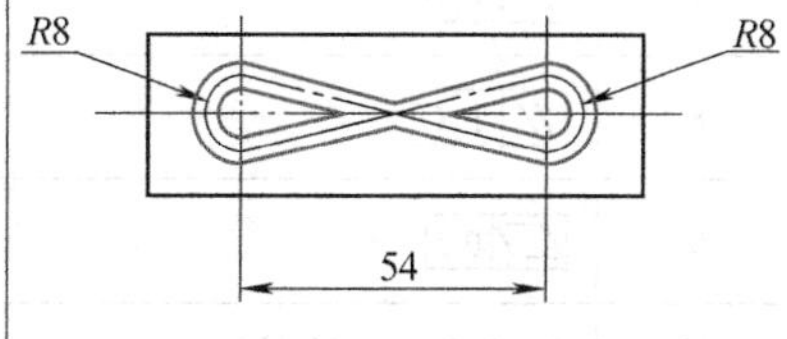
		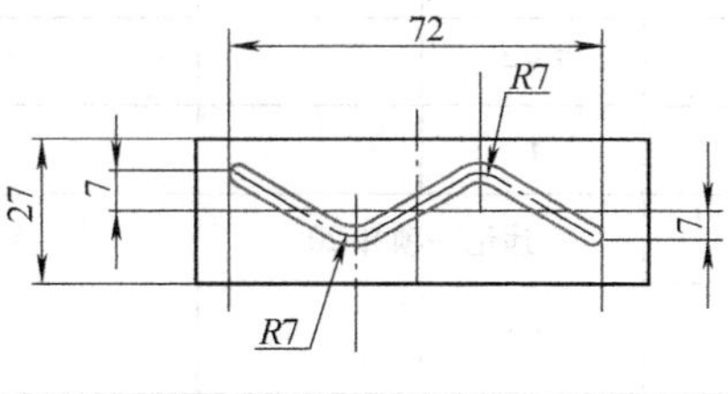	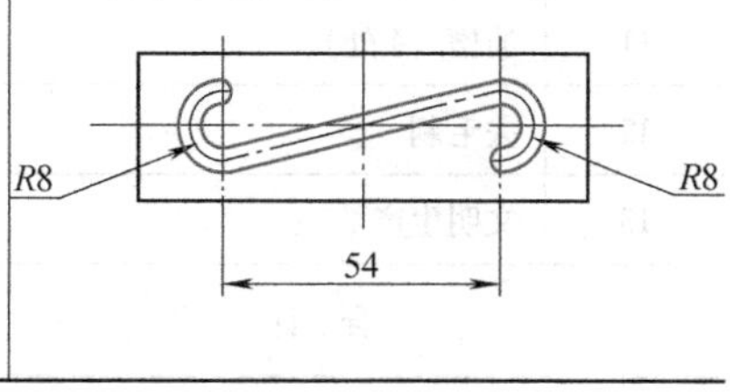

二、操作要求

1）控制好錾削姿势，并加以强化。

2）采用腕挥或肘挥錾削。

3）保证被錾削平面的平面度。

4）每次錾削深度不大于1mm。

5）两个大平面的錾削，先用窄錾錾出若干条窄槽后，再用扁錾錾出平面，如图4-7所示。

6）工件装夹在台虎钳上，底部需用木块垫实。

7）錾削时，视线要落在錾子的刃口上。

三、注意事项

1）錾削前要检查锤头是否安装牢固，錾子尾部是否有卷边。

2）錾削前还需检查工作台上的防护网是否有破损和台虎钳是否松动。

3）由于毛坯材料为铸铁，调头收錾需要及时进行。

4）錾削方向与台虎钳的钳口垂直。

5）拿工件时，要防止錾削面锐角划伤手指。

6）切屑需用毛刷刷去，不得用手擦去或用嘴吹。

7）发现錾子的刃口不锋利时，需及时刃磨。

检测与评价

表4-3　錾削加工件检测与评价表

序号	检测内容	配分	量具	检测结果	学生评分	教师评分
1	(87 ± 1) mm（2处）	16 × 2				
2	(27 ± 1) mm	15				
3	⊥ 0.7 A	2				
4	⊥ 0.8 B	2				
5	⊥ 0.8 C	2				
6	// 1 A	2				
7	// 1 B	2				
8	// 1 C	2				
9	▱ 0.5	2				
10	Ra12.5μm（10处）	1 × 10				
11	油槽（4处）	7 × 4				
12	去毛刺	1				
13	文明生产	违纪一项扣20				
合计		100				

任务二 V形块锉削

学习目标

本任务主要学习大平面的锉削方法，练习大平面锉削时保证和检测平面度、平行度和垂直度的方法。通过本任务的学习和训练，能够完成如图4-1所示零件。

相关知识

一、交叉锉削

当工件表面比较大时，可采用交叉锉削的方法进行锉削，如图4-17所示。锉刀运动方向与工件夹持方向约为 45° 角，待锉去一层余量后，将锉削方向旋转 90° 再进行锉削。

[**注意**] 交叉锉削产生的锉纹不能作为最终锉纹，最终锉纹为顺向锉削产生的锉纹。

[**说明**] 交叉锉削产生的锉纹可以用来判断被加工面的平面度情况，即能被锉到的部分为凸起部。

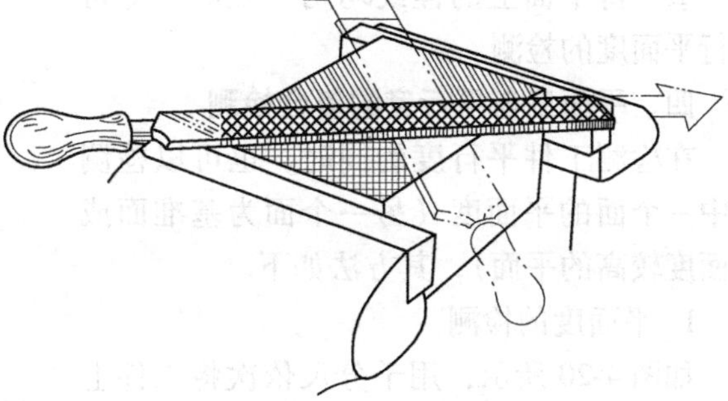

图4-17 交叉锉削

二、窄槽的加工

窄槽加工，一般采用先锯后錾的方法进行，如图4-18所示，即用锯条锯出窄槽的两边，深度为槽的深度，再用窄錾錾去两锯削面的中间部分。

[**注意**]

① 槽的宽度由锯削来保证。

② 窄錾的刃口宽度 小于 槽宽宽度。

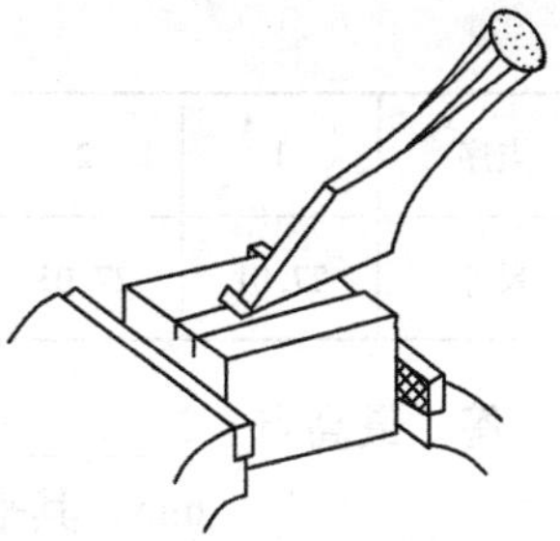

图4-18 窄槽的加工

三、减小平面度误差的锉削方法

当交叉锉完成时，可采用以下方法进行顺向锉来减小平面度误差。

1. 锉刀的锉削面检查

若锉刀的锉削表面有弯曲，可将其凸面向下放置于工件的被加工面上。

2. 锉刀的姿态检查

松开锉刀，锉刀水平放置在工件表面，且不发生晃动。

3. 锉刀的握法

右手满握锉刀柄，左手的食指、中指、无名指微弯，指肚轻按在锉刀上，如图4-19所示。

4. 锉削

锉刀平缓推出，行程为被锉削面长度的2/3左右。

［**注意**］ 锉刀推出的过程中，一旦感觉到锉刀有晃动，立即停止锉削，回到第一步重新进行锉削循环。

5. 收锉

将锉刀置于下一锉削位置。

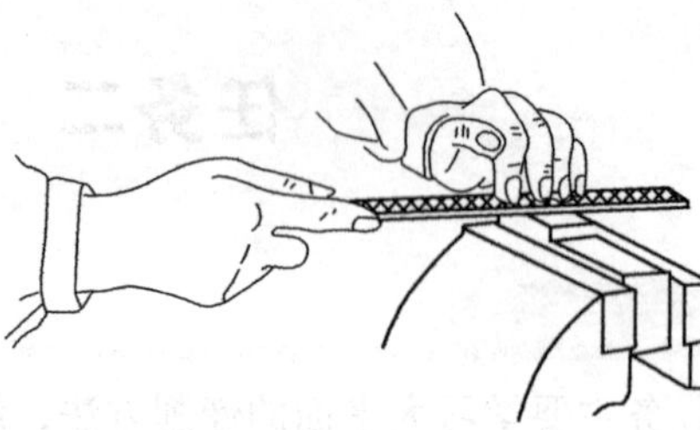

图4-19 锉刀的握法

［**说明**］

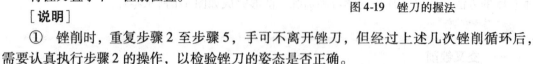

① 锉削时，重复步骤2至步骤5，手可不离开锉刀，但经过上述几次锉削循环后，需要认真执行步骤2的操作，以检验锉刀的姿态是否正确。

② 待平面上的锉纹均匀一致时，即可进行平面度的检测。

四、平面度与平行度的复合检测

在检测工件平行度的同时，也可以检测其中一个面的平面度（另一个面为基准面或平面度较高的平面），其方法如下。

1. 平面度的检测

如图4-20所示，用千分尺依次将工件上9个点的尺寸测出，然后找出最大值和最小值，两者之差若小于所要求的平面度公差时，则该平面的平面度合格。

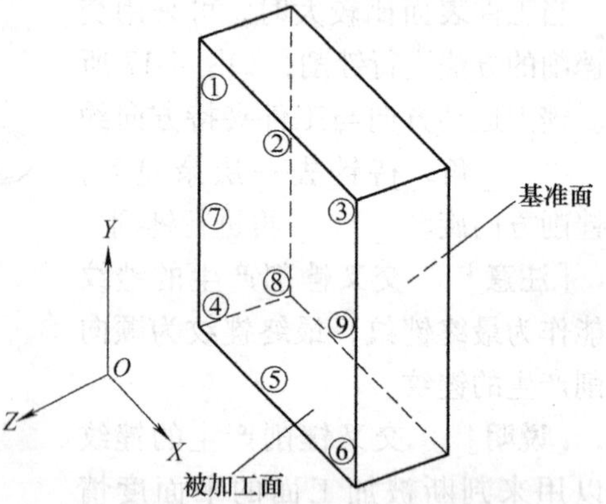

图4-20 平面度与平行度的复合检测

［**问题**］ 表4-4为用千分尺测量一平面9个点尺寸，试判断被加工面的平面度是否合格（该平面的平面度公差为0.04mm）。

表4-4 测量数据表 （单位：mm）

点序	1	2	3	4	5	6	7	8	9
尺寸	27.01	27.03	27.02	27.03	27.05	27.04	27.02	27.04	27.03

答：最高点 27.05 mm，最低点 27.01 mm，则其平面度误差为 27.05mm－27.01mm＝0.04 mm，其平面度 合格 。

2. 平行度的检测

分别检测出X向与Y向的平行度，其中最大值为平行度误差。

(1) X轴方向测量 顺X轴方向依次测得的同一高度（工件的上部，Y值坐标相同）三个点的尺寸，分别用后面测得的两点尺寸值减去第一点尺寸值，算出差值。然后，以同样的方法，测量并计算出工件中部和下部的各三个点的差值，最后在所有的差值中绝对值最大者即为X轴向平行度误差，见表4-5。

［**注意**］ 相同高度上所测的第一点的差值均计为0。

由表4-5可知，X轴向平行度误差为 0.02mm－0mm＝0.02mm ，平面垂直方向中部位置最高，平面外凸。

表4-5　*X*向平行度的测定　　　　（单位：mm）

点序	1	2	3	4	5	6	7	8	9
尺寸	27.01	27.03	27.02	27.03	27.05	27.04	27.02	27.04	27.03
公称尺寸	27.00								
尺寸差	0	0.02	0.01	0	0.02	0.01	0	0.02	0.01

（2）*Y*轴方向测量　顺*Y*轴方向依次测得的同一长度（工件的左侧，*X*值坐标相同）三个点的尺寸，分别用后面测得的两点尺寸值减去第一点尺寸值，算出差值。然后，以同样的方法，测量并计算出工件中部和右侧的各三个点的差值，最后在所有的差值中绝对值最大者即为*Y*轴向平行度误差，见表4-6。

表4-6　*Y*向平行度的测定　　　　（单位：mm）

点序	1	7	4	2	8	5	3	9	6
尺寸	27.01	27.02	27.03	27.03	27.04	27.05	27.02	27.03	27.04
公称尺寸	27.00								
尺寸差	0	0.01	0.02	0	0.01	0.02	0	0.01	0.02

注：相同长度上所测的第一点的尺寸差均计为0。

由表4-6可知，*Y*轴向平行度误差为<u>　0.02mm − 0mm = 0.02mm　</u>，该面对基准面的平行度误差为<u>　0.02mm　</u>。因误差的变化量相同，平面从下部向上部倾斜。

五、垂直度的检测方法

第一个面的垂直度需要用刀口形角尺来测量，此处不再重复，但其他平面的垂直度可用千分尺测量平行度的方法，来确定垂直度误差。

技能训练

一、工艺分析

1. 毛坯

任务一完成后的零件（图4-2）。

2. 工艺步骤

工艺步骤见表4-7。

表4-7　V形块（锉削）工艺步骤

步骤	加工内容	图　示
1	锉削大平面Ⅰ（平面度公差为0.05mm）	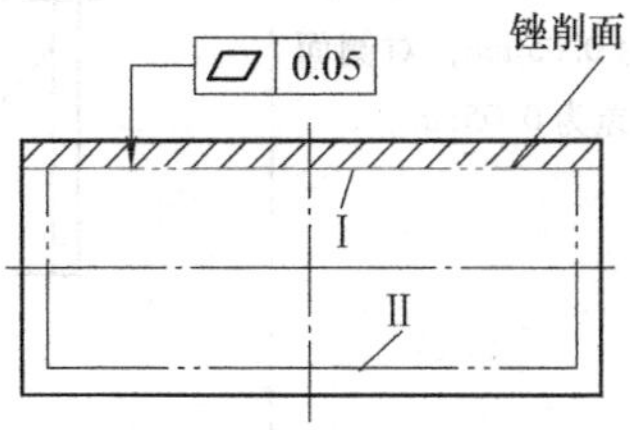

（续）

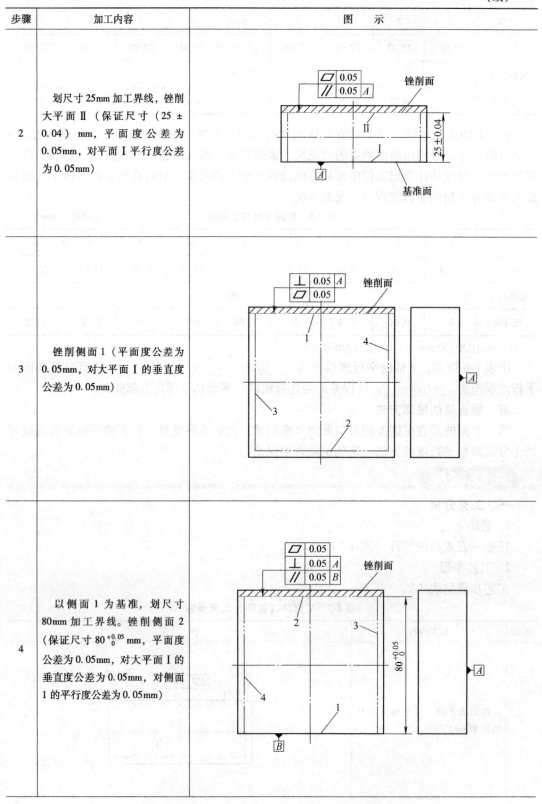

步骤	加工内容	图　示
2	划尺寸25mm加工界线，锉削大平面Ⅱ（保证尺寸（25±0.04）mm，平面度公差为0.05mm，对平面Ⅰ平行度公差为0.05mm）	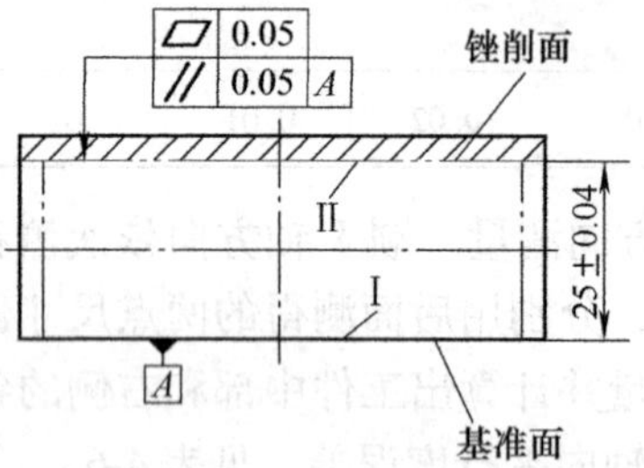
3	锉削侧面1（平面度公差为0.05mm，对大平面Ⅰ的垂直度公差为0.05mm）	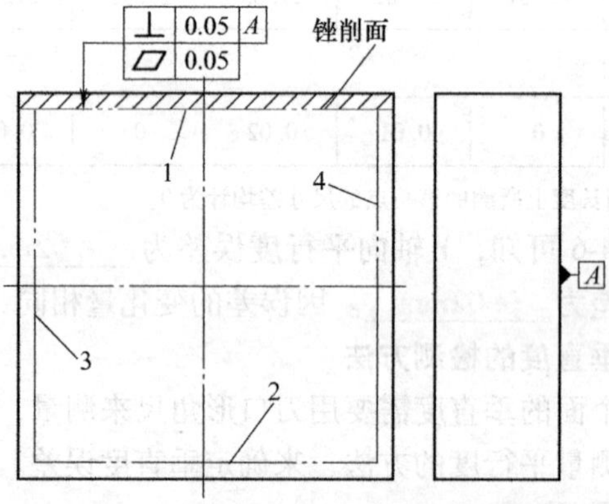
4	以侧面1为基准，划尺寸80mm加工界线。锉削侧面2（保证尺寸$80^{+0.05}_{0}$mm，平面度公差为0.05mm，对大平面Ⅰ的垂直度公差为0.05mm，对侧面1的平行度公差为0.05mm）	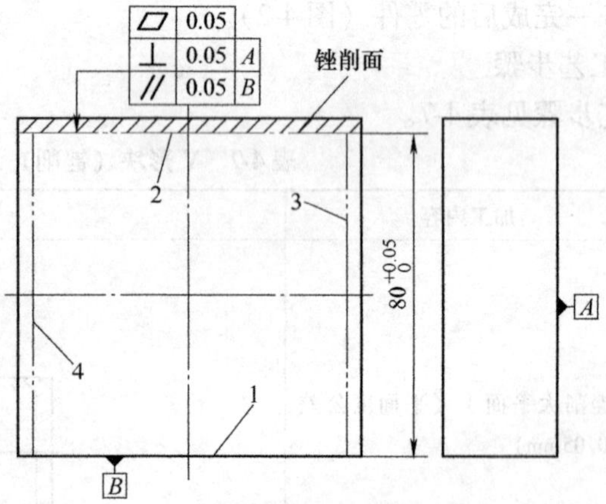

（续）

步骤	加工内容	图示
5	锉削侧面4（平面度公差为0.05mm，对大平面Ⅰ的垂直度公差为0.05mm，对侧面1、2的垂直度公差为0.05mm）	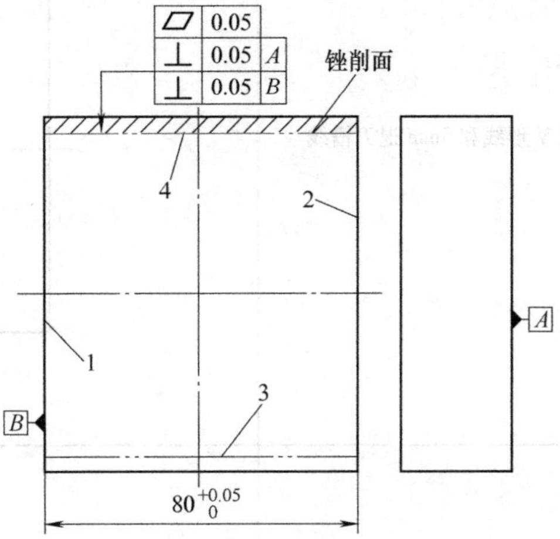
6	以侧面4为基准，划尺寸80mm加工界线。锉削侧面3（保证保证尺寸$80^{+0.05}_{0}$mm，平面度公差为0.05mm，对大平面Ⅰ的垂直度公差为0.05mm，对侧面1的垂直度公差为0.05mm，对侧面4的平行度公差为0.05mm）	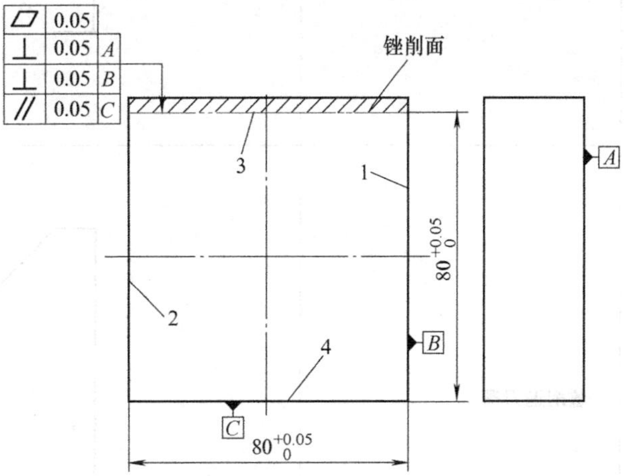

（续）

步骤	加工内容	图　示
7	划 V 形线和 5mm 退刀槽线	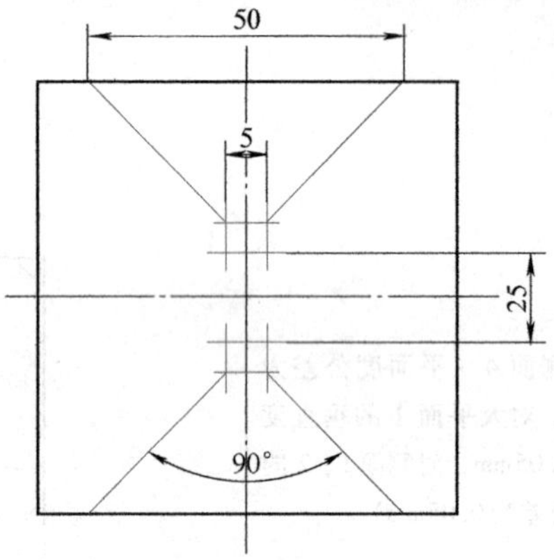
8	锯削出 V 形面，锯出 5mm 退刀槽两侧面	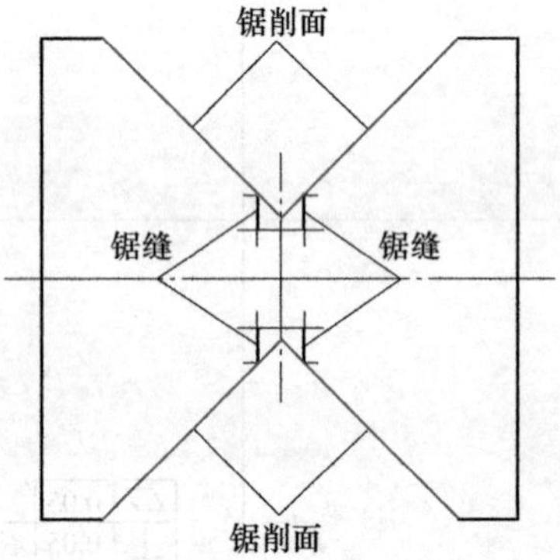
9	錾削退刀槽	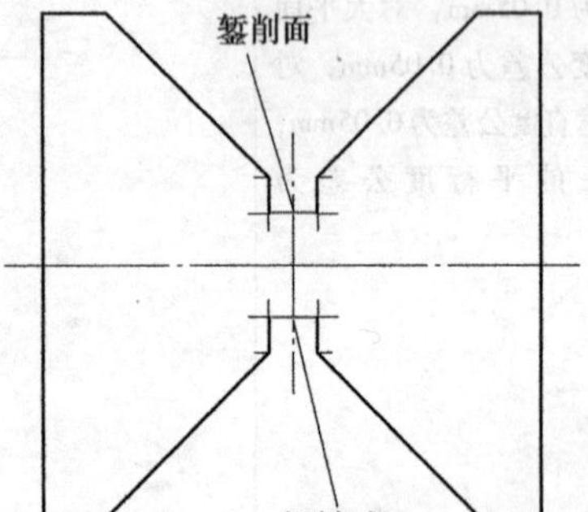

（续）

步骤	加工内容	图　示
10	锉削V形面，保证尺寸50mm和角度90°±2′	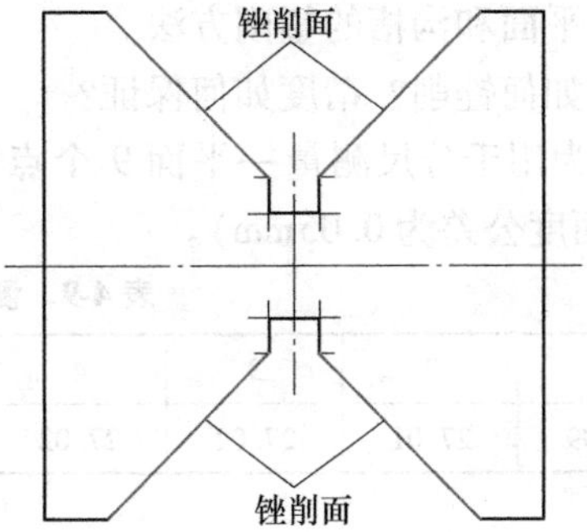

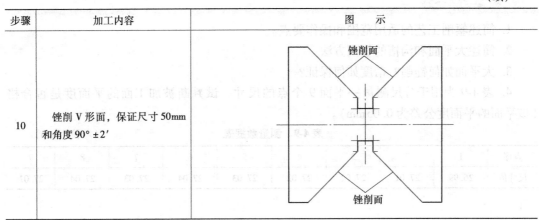

二、操作要求

1）控制好锉削姿势，并加以强化。

2）采用交叉锉，提高锉削效率。

3）保证被锉削平面的平面度、平行度和垂直度。

4）学会用千分尺检测平行度。

三、注意事项

1）大平面锉削时，要用足锉刀切削部的全部长度，并控制锉削速度。

2）顺向精锉时，锉刀每次运动时，其切削部起点的位置不变，终点的位置也不变。

3）顺向精锉的锉削余量不大于0.04mm。

4）每次在进行测量尺寸之前需将工件和量具的接触面擦净。

检测与评价

表4-8　V形块（图4-1）检测与评价表

序号	检测内容	配分	量具	检测结果	学生评分	教师评分
1	$80^{+0.05}_{0}$mm（2处）	15×2				
2	(25±0.04) mm	15				
3	90°±2′（2处）	15×2				
4	*Ra*3.2μm（12处）	1×12				
5	∥ 0.05 A	3				
6	∥ 0.05 B	3				
7	⊥ 0.05 B	3				
8	⊥ 0.05 C	3				
9	去毛刺	1				
10	文明生产	违纪一项扣20				
合　计		100				

思考与练习

1. 简述錾削工艺的适用范围和操作要点。

2. 简述大平面和沟槽的錾削方法。

3. 大平面如何锉削？精度如何保证？

4. 表4-9为用千分尺测量一平面9个点的尺寸，试判断被加工面的平面度是否合格（该平面的平面度公差为0.05mm）。

表4-9　测量数据表　　（单位：mm）

点序	1	2	3	4	5	6	7	8	9
尺寸值	26.99	27.01	27.02	27.02	27.03	27.04	27.03	27.04	27.01

项目五 锉配凹凸体

本项目主要学习锉配凹凸体，掌握对称度的检测方法，初步了解工艺尺寸链的计算方法，初步掌握如何加工具有对称度要求的工件，理解配合件的加工工艺。通过本项目的学习和训练，能够完成如图 5-1 所示的零件。

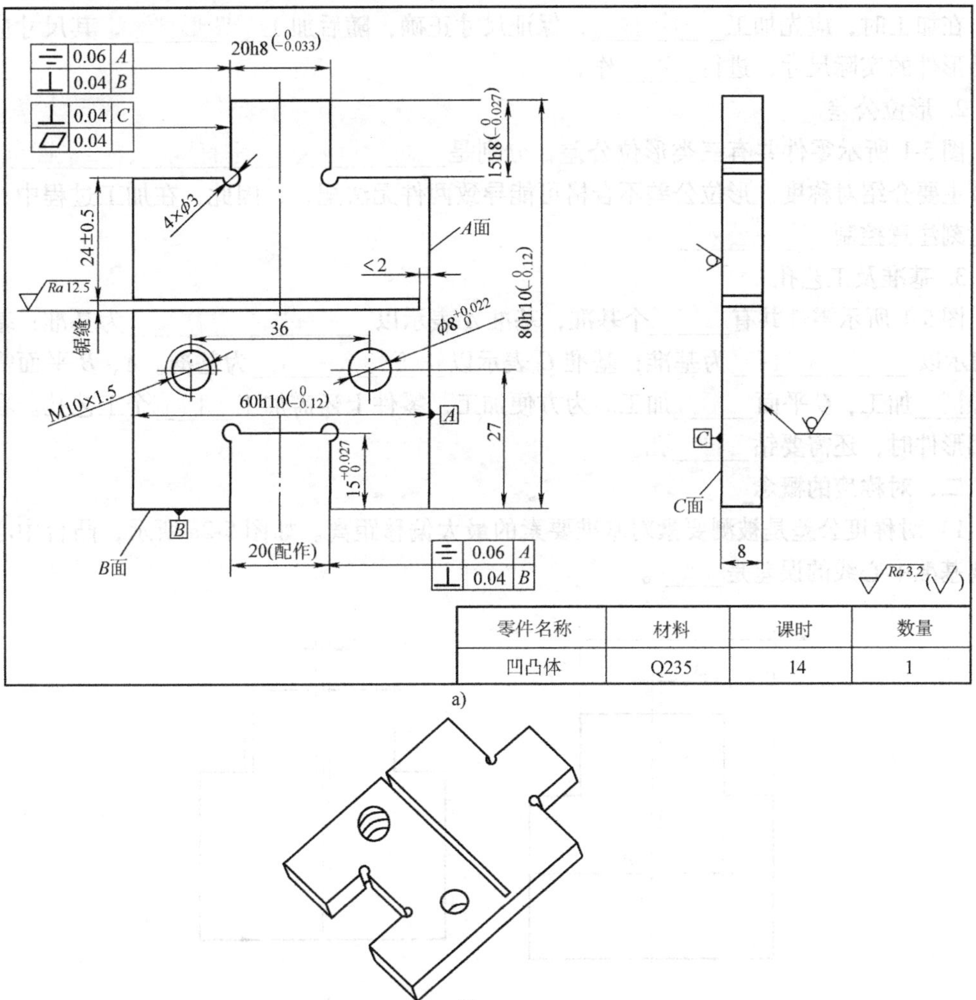

图 5-1　凹凸体零件图
a）零件图　b）立体图

任务一　工艺分析和划线

学习目标

本任务主要学习对称度的概念，掌握对称度的检测方法，理解对称度误差对配合精度的影响和配合件的加工工艺。通过本任务的学习，掌握对称形体的划线方法。

相关知识

一、图样分析

1. 尺寸

图 5-1 所示零件的＿7 个＿尺寸有尺寸公差要求，加工难度较大，也决定了配合的精度。在加工时，应先加工＿凸形件＿，保证尺寸正确，随后加工＿凹形件＿，其尺寸应根据凸形件的实际尺寸，进行＿配＿作。

2. 形位公差

图 5-1 所示零件共有三类形位公差，分别是＿对称度＿、＿垂直度＿、＿平面度＿。本节主要介绍对称度。形位公差不合格可能导致两件无法配合，因此，在加工过程中，需要时刻注意控制＿形位公差＿。

3. 基准及工艺孔

图 5-1 所示零件共有＿三＿个基准，基准 *A* 表示以＿工件中心对称面＿为基准；基准 *B* 表示以＿工件小平面＿为基准；基准 *C* 表示以＿工件大平面＿为基准。*A*、*B* 平面需要＿锉削＿加工，*C* 平面＿不＿加工。为方便加工，零件上还需加工＿四＿个工艺孔。在加工凹形件时，还需要钻＿排＿孔。

二、对称度的概念

1）对称度公差是被测要素对基准要素的最大偏移距离。如图 5-2a 所示，凸台中心线偏离基准中心线的误差是＿Δ＿。

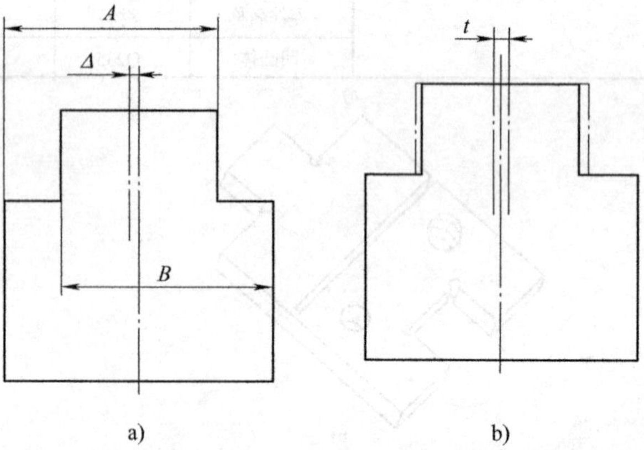

图 5-2　对称度及其检测

[**注意**]　误差 Δ 不是对称度误差。

2）对称度的公差带是相对基准中心平面（或中心线、轴线）对称配置的两平行平面（或垂直平面）之间的区域，其宽度是距离 t。

三、对称度的检测

对图 5-2a 所示零件，测量面到基准面之间的尺寸为 A 和 B，其差值就是<u>　对称度　</u>误差。

[**说明**]　由于受测量方法和量具精度的限制，用这种方法测量的对称度误差较大。

四、对称度误差对配合精度的影响

对称度误差对转位互换精度的影响很大，控制不好将导致配合精度很低。

如图 5-3 所示，如果凹凸件都有对称度误差为 0.05mm，且在同一个方向，原始配合位置达到间隙要求时两侧面平齐（图 5-3a）；而转位 180°做配合时，就会产生两基准面错位误差，其误差值为<u>　0.10mm　</u>，使工件超差（图 5-3b）。

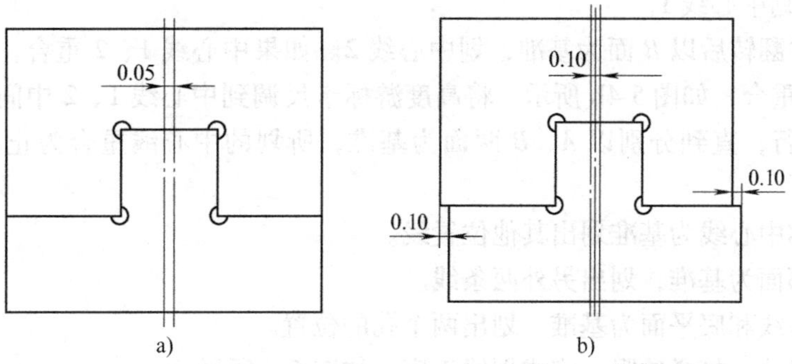

图 5-3　对称度误差对配合精度的影响

技能训练

一、工艺分析

1. 毛坯

尺寸为 62mm × 82mm × 8mm 的 Q235 钢。

材料选用 Q235，这是一种常见的<u>　普通碳素结构　</u>钢。<u>　杂质　</u>较多，但冶炼<u>　容易　</u>，工艺性<u>　好　</u>，价格<u>　便宜　</u>，产量大，在性能上能满足一般工程结构及普通零件的要求，常用于受力<u>　不大　</u>的机械零件。

Q235 含义为<u>　屈服点为 235MPa 的碳素结构钢　</u>。

2. 工艺步骤

1）检查毛坯。

2）如图 5-4 所示，粗、精加工平面 A；再以 A 面为基准，加工平面 C，并保证两者的垂直度和各自的平面度。

3）精加工 A 的平行平面 B。

4）按加工所得两平行平面的实际尺寸，计算出中心位置尺寸 $L/2$。用高度游标卡尺，

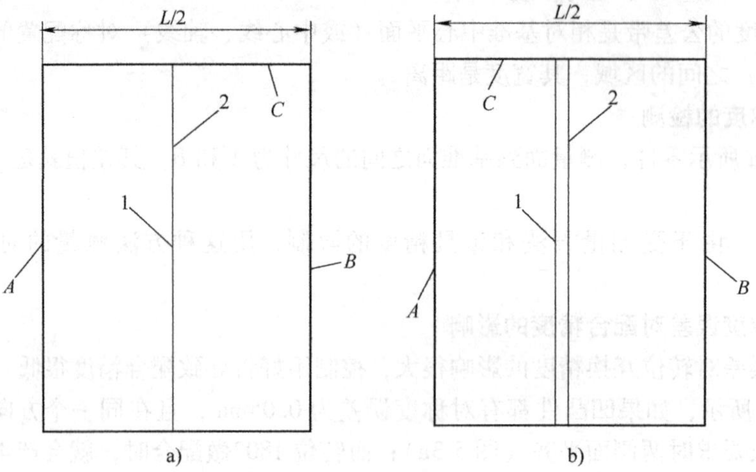

图 5-4 划中心线

以 A 面为基准划中心线 1。

5）将工件翻转后以 B 面为基准，划中心线 2。如果中心线 1、2 重合，则中心线位置准确；如果不重合，如图 5-4b 所示，将高度游标卡尺调到中心线 1、2 中间的位置，再次划线。反复进行，直到分别以 A、B 两面为基准，所划的中心线重合为止，如图 5-4a 所示。

6）以对称中心线为基准划出其他位置线。

7）以相邻面为基准，划出另外两条线。

8）以中心线和底平面为基准，划出两个孔的位置。

9）检查尺寸，打样冲眼。完成划线工序，如图 5-5 所示。

二、操作要求

1）划线前应看懂图样。

2）为了能对凸形体的对称度进行控制，60mm 处的尺寸必须要测量准确。实际操作时，可以取多点的平均值，以提高测量精度。

3）对划线、尺寸反复校验，确认无误后，才能打样冲眼。

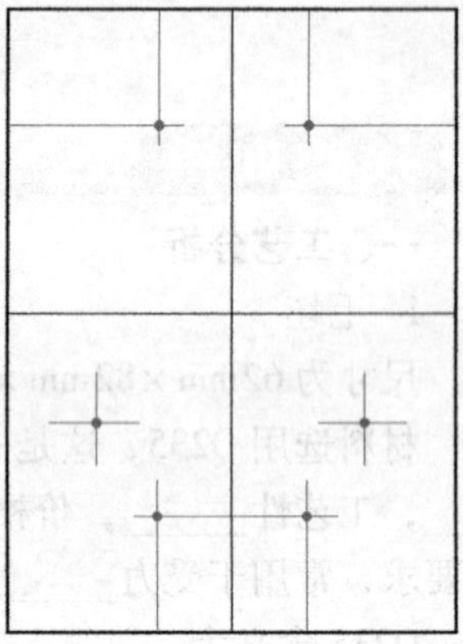

图 5-5 完成划线

三、注意事项

1）使用千分尺时，一定要注意读数方法。读千分尺有两种方法，一种是当棘轮装置发出咔咔声后，并轻轻晃动尺架，手感到两测量面已与被测表面接触良好后，即进行读数，然后反转微分筒，取出千分尺。另一种方法是用上述方法调整好千分尺后，锁紧，取下读数。

2）凹凸体盲配加工的难点在于尺寸的控制。因此，从划线开始，每一步工序都要适时检测，以保证尺寸准确。

任务二　加工凸形体

零件图

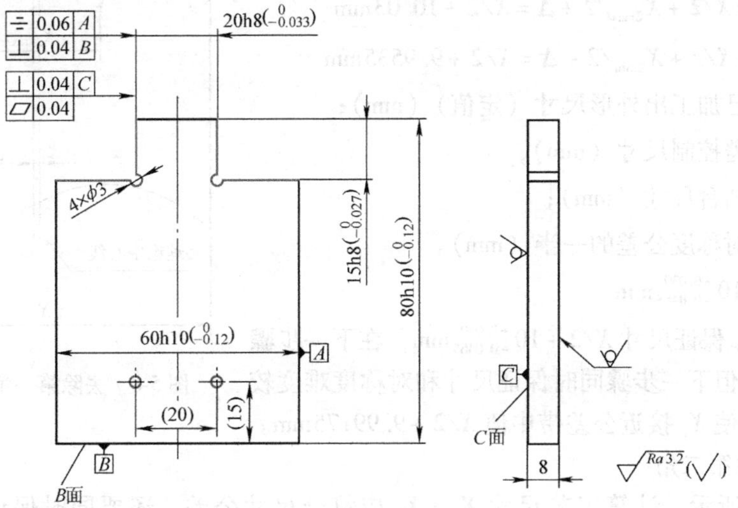

图 5-6　凸形体零件图

学习目标

本任务主要学习用间接测量的方法控制工件的尺寸精度，学会计算有对称度要求的凸形体工艺尺寸。通过本任务的学习，能完成如图 5-6 所示工件。

相关知识

一、深度尺寸 $15_{-0.027}^{\ 0}$mm 的间接控制

由于测量手段限制，深度尺寸 $15_{-0.027}^{\ 0}$mm 不能直接测量保证精度，需要采用＿间接测量法＿。

外形尺寸 $80_{-0.12}^{\ 0}$mm 已加工成形，以 L 表示其具体尺寸。通过控制尺寸 L_1（易于测量），间接保证深度尺寸 L_2 的精度。L_1 的极限尺寸需要计算获得。根据图 5-7 可得

$L_1 = L - L_2$，根据 L_2 公差，可得

$$\begin{cases} L_{1\max} = L - 14.973\text{mm} \\ L_{1\min} = L - 15\text{mm} \end{cases}$$

式中　L——外形尺寸；

L_1——通过测量控制的尺寸；

L_2——间接控制的深度尺寸。

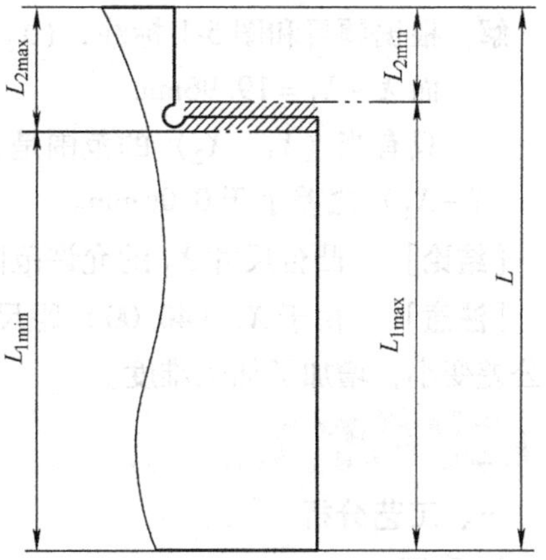

图 5-7　深度尺寸的间接控制

二、对称度的间接控制

1. 先去除一个角

如图 5-8 所示，先去除一个角，控制尺寸 X_1。其数值将影响尺寸 $20_{-0.033}^{\ 0}$mm，并同时保证对称度公差。X_1 计算如下：

$$X_1 = X/2 + X_2/2 \pm \Delta$$

$$\begin{cases} X_{1max} = X/2 + X_{2max}/2 + \Delta = X/2 + 10.03\text{mm} \\ X_{1min} = X/2 + X_{2min}/2 - \Delta = X/2 + 9.9535\text{mm} \end{cases}$$

式中 X——已加工出外形尺寸（定值）(mm)；

X_1——需控制尺寸（mm）；

X_2——凸台尺寸（mm）；

Δ——对称度公差的一半（mm）。

即 $X_1 = X/2 + 10_{-0.0465}^{+0.030}$mm

虽然当 X_1 保证尺寸 $X/2 + 10_{-0.0465}^{+0.030}$mm，在下一步骤中可能合格，但下一步骤同时保证尺寸和对称度难度较大，应尽可能使 X_1 接近公差带中值 $X/2 + 9.99175$mm。

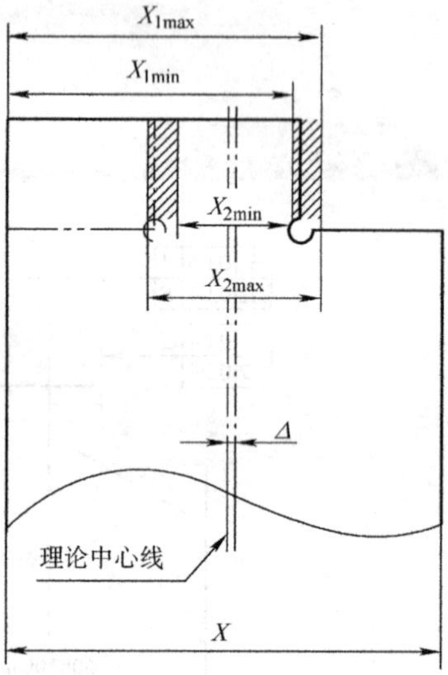

图 5-8 去除第一角尺寸控制

2. 再去除第二角

如图 5-9 所示，计算工艺尺寸 X_2。X_2 应符合尺寸公差，还要同时保证对称度，即（$X_1 - X_2$）与（$X - X_1$）之差小于对称度公差 0.06mm。

[问题] 本工件加工外形尺寸时，宽度实际值 $X = 59.96$mm，符合尺寸要求 60h10（$_{-0.12}^{\ 0}$），试计算去除第一角时的测量尺寸 X_1。

解：$X_{1max} = X/2 + X_{2max}/2 + \Delta = X/2 + 10.03\text{mm} = 40.01\text{mm}$

$X_{1min} = X/2 + X_{2min}/2 - \Delta = X/2 + 9.9535\text{mm} = 39.9335\text{mm}$

测量尺寸 $X_1 = 40_{-0.0665}^{+0.01}$mm

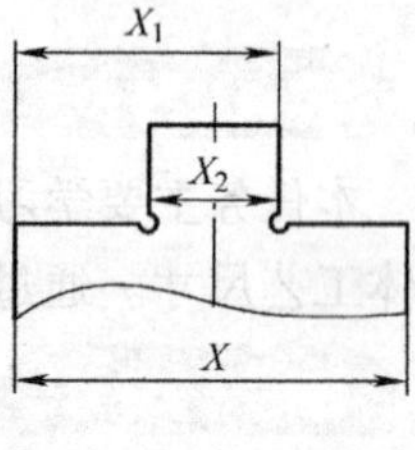

图 5-9 凸台尺寸控制

[问题] 如去除第一角时 X_1 的实际尺寸是 40.00mm，符合加工要求，试计算去除第二角时，凸台 X_2 的允许范围。

解：根据题目和图 5-1 标注，（$X_1 - X_2$）的范围是 20.000～20.033mm，

而 $X - X_1 = 19.96$mm

只有当（$X_1 - X_2$）的范围是 20.000～20.02mm 时，才能保证满足（$X_1 - X_2$）与（$X - X_1$）之差小于 0.06mm。

[结论] 凸台尺寸 X_2 的允许范围是 $20_{-0.02}^{\ 0}$mm。

[注意] 由于 X_1（40.00）距尺寸“$40_{-0.0665}^{+0.01}$mm”的中值较大，为保证对称度，X_2 的公差变小，增加了加工难度。

技能训练

一、工艺分析

1. 毛坯

任务一完成后的零件（图 5-5）。

2. 工艺步骤

工艺步骤见表 5-1。

表 5-1　凸形体工艺步骤

步骤	加工内容	图　示
1	钻工艺孔	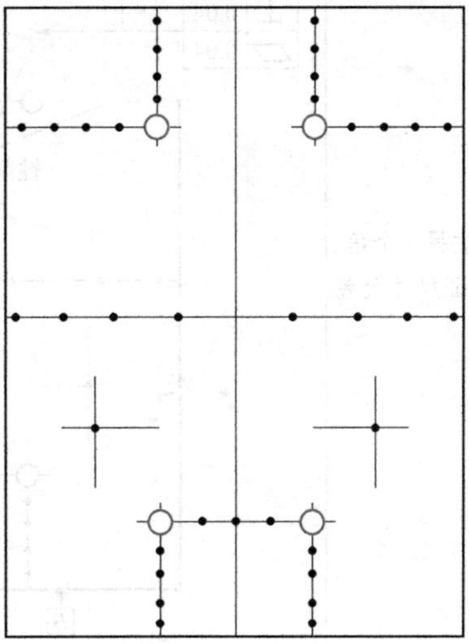
2	选择一个角，按照划好的线锯去一个角。粗、精锉两垂直面。根据 80mm 处的实际尺寸，通过控制 65mm 的尺寸偏差，保证尺寸 $15_{-0.027}^{\ 0}$ mm。同样通过控制 40mm 的尺寸偏差，保证 20mm 的尺寸公差和凸台的对称度	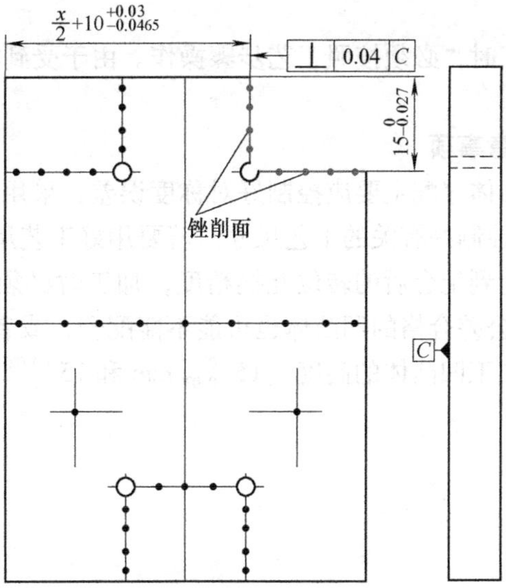

（续）

步骤	加工内容	图示
3	按照划线锯去另一个角。用上述方法保证尺寸公差和对称度公差	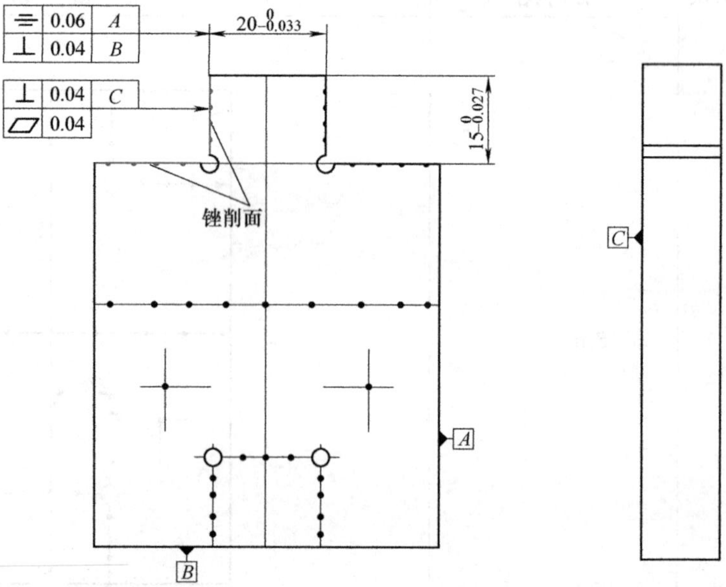

二、操作要求

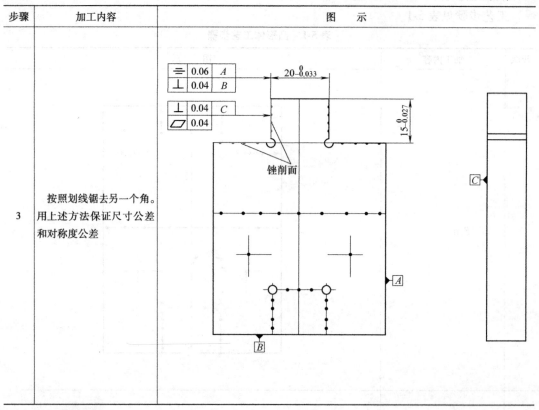

1）粗加工时，可以按线加工；精加工时，一定要按照计算好的工艺尺寸进行加工。

2）加工时，必须按照工艺步骤操作。由于受到测量工具的限制，不能先锯去两个角，然后再锉削。

三、注意事项

1）凹凸体锉配主要应控制好对称度误差，采用间接测量的方法来控制工件的尺寸精度，必须要控制好有关的工艺尺寸。若要用好工艺尺寸就得会计算工艺尺寸。

2）为达到配合后的转位互换精度，加工时必须要保证垂直度要求。若没有控制好垂直度，尺寸公差合格的凹凸体也可能不能配合，或者出现很大的间隙。

3）在加工凹凸体的高度（$15_{-0.027}^{\ 0}$mm 和 $15_{\ 0}^{+0.027}$mm）时，初学者易出现尺寸超差的现象。

任务三 加工凹形体

零件图

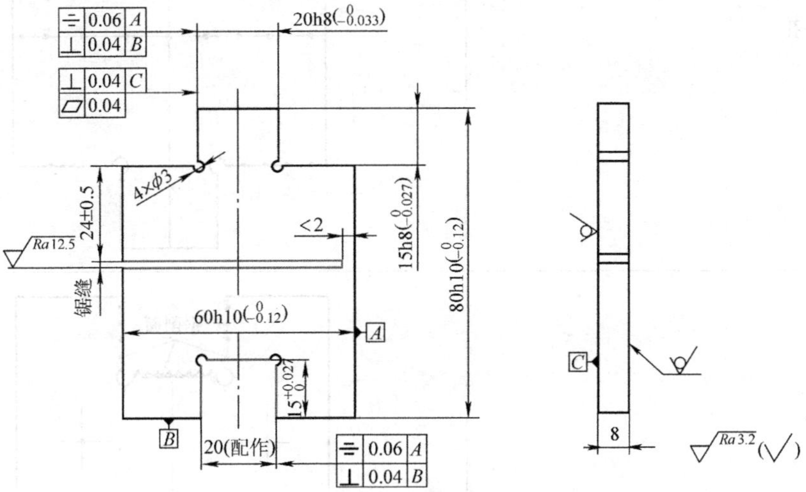

图 5-10 凹形体零件图

学习目标

本任务主要学习如何加工凹形体。通过本任务的学习，掌握锉配的方法，掌握如何加工有对称度要求的工件，并完成图 5-10 所示零件加工。

相关知识

锉配的方法：

图 5-1 所示零件为盲配，就是通过保证两个零件的尺寸公差、形位公差，来达到配合的目的。有时，会用锉削加工的方法，使两个互配零件达到配合要求，这种加工称为锉配。锉配时，由于外表面容易达到较高的精度，所以一般先加工<u>凸形体</u>，后加工<u>凹形体</u>。加工内表面时，为了便于控制，一般均应选择有关外表面作测量基准，切不可为了能配合上，而随意加工。在做配合修锉时，可以通过透光法和涂色显示法来确定修锉部位和余量。

技能训练

一、工艺分析

1. 毛坯

任务二完成后的零件。

2. 工艺步骤

工艺步骤见表 5-2。

表 5-2　凹形体工艺步骤

步骤	加工内容	图　示
1	钻排孔	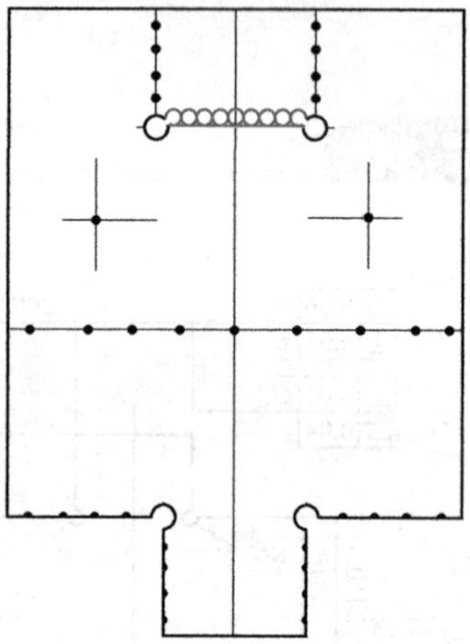
2	去除凹形体多余部分	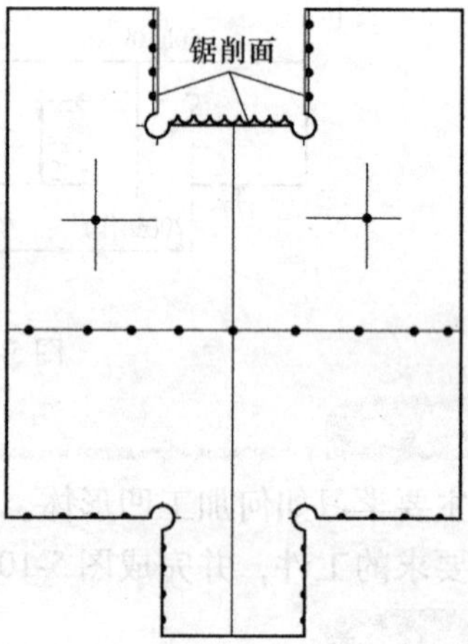
3	粗、精锉凹形体各面，达到与凸形体配合的精度要求	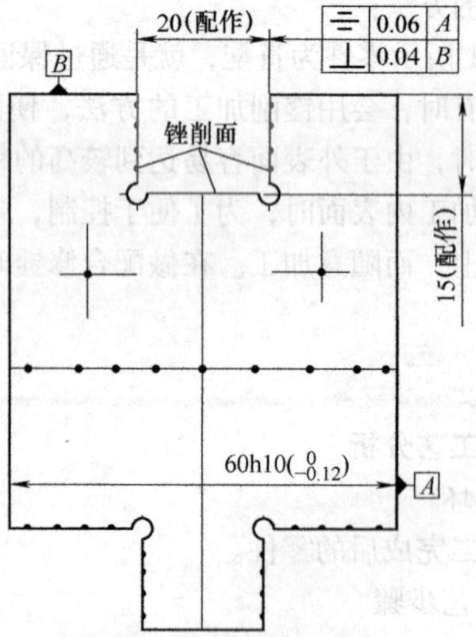

（续）

步骤	加工内容	图　示
4	锯削，达到（24±0.5）mm，留有小于2mm的余量不锯	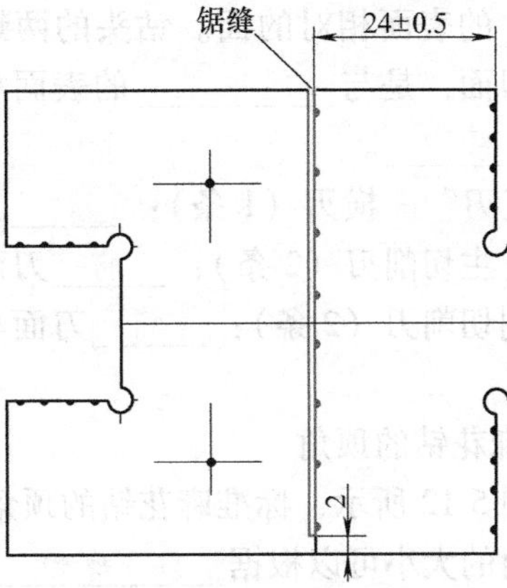

二、操作要求

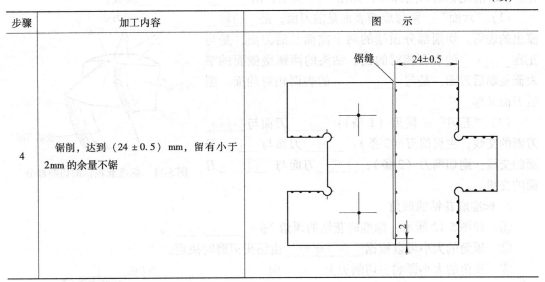

1）在钻排孔时，由于小直径钻头的刚性较差，容易损坏弯曲，致使钻孔产生倾斜，造成孔径超差。用小直径钻头钻孔时，由于钻头排屑槽狭窄，排屑不流畅，所以应及时地进行退钻排屑。

2）加工凹形体前，应确保60mm的实际外形尺寸和凸形体20mm的实际尺寸已经测量准确，并计算出凹形体20mm的尺寸公差。

3）加工结束后，锐边要倒角、清除毛刺。

三、注意事项

在加工垂直面时，要防止锉刀侧面碰坏另一个垂直面，可以在砂轮上修磨锉刀的一侧，并使其与锉刀面夹角略小于90°，刃磨好后最好用油石磨光。

任务四　孔加工与攻螺纹

学习目标

本任务学习刃磨麻花钻和铰孔，掌握通过钻—扩—铰的工艺保证孔的尺寸精度和位置精度的方法，要求孔的精度达到9级，表面粗糙度 $Ra \leqslant 3.2\mu m$。通过本任务的学习，完成图5-1所示零件加工。

相关知识

一、刃磨麻花钻

1. 麻花钻的结构

麻花钻是应用最广的孔加工刀具。通常直径范围为 0.25～80 mm。麻花钻的 工作部分 有两条螺旋形的沟槽，形似麻花，因而得名。钻头的前端经刃磨后形成切削部分。标准麻花钻的切削部分，如图 5-11 所示，由 “五刃六面” 组成。

（1）“六面” 两螺旋槽表面是前刀面，是 切屑 流出的表面。切削部分顶端的两个曲面是后刀面，是与正在 加工 的表面相对的面。钻头的两螺旋侧面的窄表面是副后刀面，是与 已加工 的表面相对的面。副后刀面又称 棱边 。

（2）“五刃” 横刃（1 条）：后 刀面与 后 刀面的交线；主切削刃（2 条）：前 刀面与 后 刀面的交线；副切削刃（2 条）：前 刀面与 副后 刀面的交线。

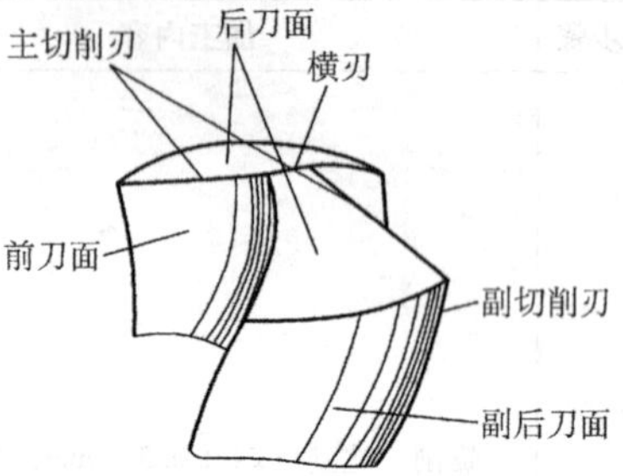

图 5-11 标准麻花钻的切削部分

2. 标准麻花钻的顶角

① 如图 5-12 所示，标准麻花钻的顶角 $2\phi =$ 118° ±2° 。

② 顶角的大小可以根据 加工条件 由钻头刃磨时决定。

③ 顶角的大小影响主切削刃上 轴 向力的大小，顶角愈小，则轴向抗力愈 小 ，切屑变形愈 大 ，排屑 愈困难，会妨碍切削液的进入。

［注意］ 钻削硬材料时，顶角应 取小值 。

3. 麻花钻的刃磨要求

① 顶角 2ϕ 为 118° ±2°，两个 ϕ 角要相等。

② 外缘处的后角 α_o 为 10° ~14°。

③ 横刃斜角 ψ 为 50° ~55°。

④ 两个主切削刃长度应相等。

⑤ 两个主后刀面应刃磨光滑。

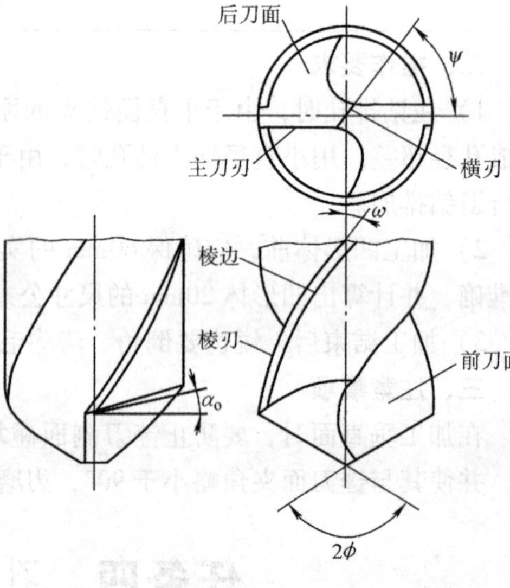

图 5-12 标准麻花钻的切削部分角度

4. 麻花钻的刃磨口诀

口诀一：“ 刃口摆平轮面靠 ”。“刃口”是主切削刃；“摆平”是指被刃磨部分的主切削刃处于水平位置；“轮面”是指砂轮的表面。

［注意］ 右手握住钻头头部，左手握住柄部，如图 5-13 所示。

口诀二：“ 钻轴斜放出锋角 ”。意思是钻头轴心线与砂轮表面之间的位置关系。“锋角”即顶角 “118° ±2°的一半” 。它是 钻头轴线 与 砂轮圆柱素线 在水平面内的夹角，如图 5-13a 所示。这个角度直接影响了钻头顶角大小、主切削刃形状和横刃斜角。

口诀三：“ 由刃向背磨后面 ”。这里是指从钻头的刃口开始沿着整个后刀面缓慢刃磨。这样便于 散热和刃磨 。刃磨时要观察火花的均匀性，及时调整压力大小。

［注意］ 在刃磨过程中要经常 冷却钻头 。

口诀四：“ 上下摆动尾别翘 ”。将主切削刃在略高于砂轮水平中心平面处先接触砂

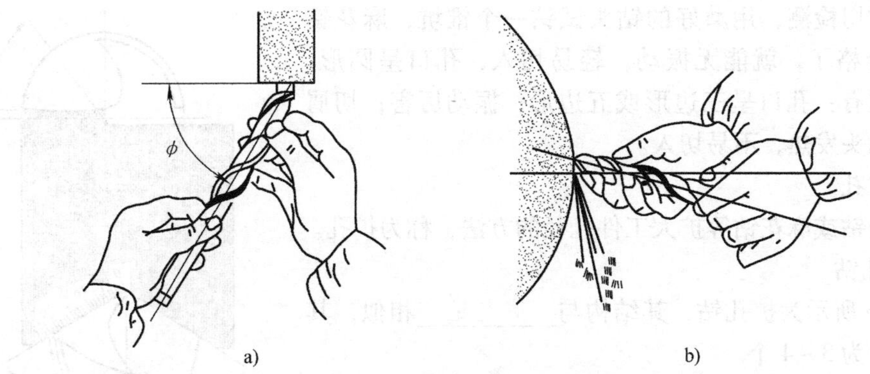

图 5-13　麻花钻与砂轮的角度关系

轮，如图 5-13b 所示，右手缓慢地使钻头绕自己的轴线由下向上转动，左手配合右手作缓慢的同步下压运动。为保证钻头近中心处磨出较大后角，还应作适当的右移动作。

［注意］　刃磨时双手动作的配合要协调、自然，同时钻头的尾部不能高翘于砂轮水平中心线以上，否则会使刃口磨钝，无法切削。

口诀五："<u>修整砂轮摆正角</u>"。磨麻花钻时要把砂轮修平整，不能有过大的跳动，边缘的圆弧要小，磨主切削刃时，要摆好<u>60°</u>角。修磨横刃时，要注意摆好两个角度，一个是钻头平面内与砂轮侧面左倾约<u>15°</u>角；一个是在垂直平面内，与刃磨点的砂轮半径方向约为<u>55°</u>角，如图 5-14 所示。

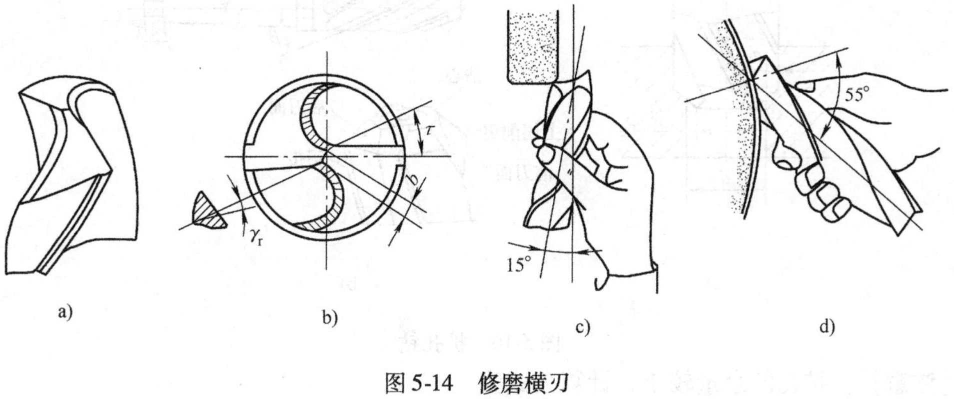

图 5-14　修磨横刃

［注意］　横刃过长会引起定心不好，钻头容易抖动，所以 ϕ6mm 以上的钻头都要修短横刃，并适当增大靠近横刃处的前角。

5. 砂轮的选择

一般采用粒度为 46～80、硬度为中软级（K、L）的<u>氧化铝砂轮</u>为宜。

6. 刃磨检测

① 样板检测，如图 5-15 所示，标准麻花钻的几何角度和对称要求，可以使用<u>检测样板</u>检测。

② 过程检测，在刃磨过程中最经常采用的就是<u>目测</u>的方法，目测时，把钻头的切削部分向上竖立，两眼平视，由于两主切削刃一前一后会产生视差，往往感到左刃（前刃）高而右刃（后刃）低，所以要旋转 180°后反复看几次，如果结果一样，就说明对称了。

③ 试切检测，用磨好的钻头试钻一个锥坑，麻花钻如果刃磨合格了，就能无振动，轻易切入，孔口呈圆形。常见的问题有：孔口呈三边形或五边形；振动厉害；切屑呈针状；钻头发热，不易切入。

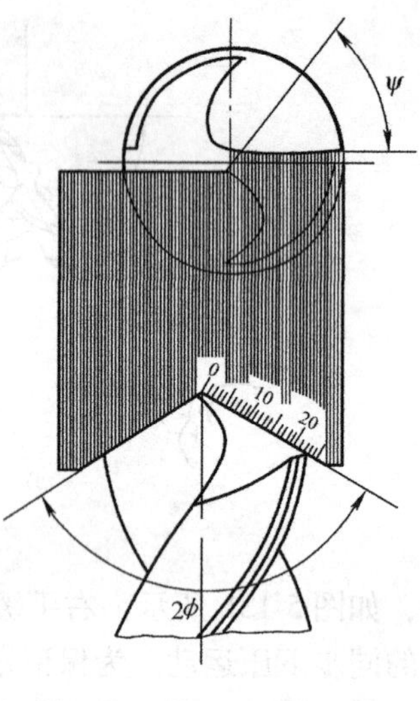

图 5-15 用样板检测麻花钻

二、扩孔

用扩孔钻或麻花钻等扩大工件孔径的方法，称为扩孔。

1. 扩孔钻

图 5-16 所示为扩孔钻，其结构与__麻花钻__相似，其切削刃一般为 3 ~4 个。

2. 扩孔加工的特点

1）因在__原有孔__的基础上扩孔，所以切削余量较__小__且导向性__好__。

2）刀体的刚性好，能用较大的__进给量__。

3）排屑__容易__，加工表面质量较钻孔__好__。

4）扩孔可以部分地纠正孔的轴线歪斜，常用于孔的__半精__加工。

5）扩孔加工一般可作为铰孔的前道工序。

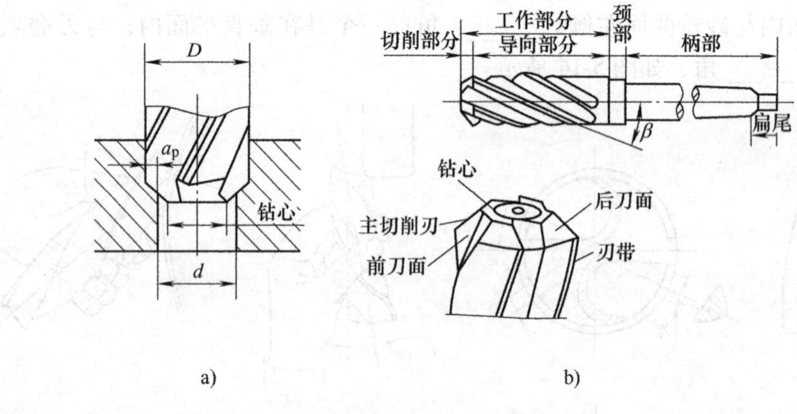

图 5-16 扩孔钻

［注意］ 扩孔的余量较小，计算公式为

$$a_p = \frac{D-d}{2}$$

［问题］ 加工 ϕ50mm 孔的工艺过程为：

1）钻 ϕ18mm 的孔。

2）扩孔至 ϕ40mm。

3）扩孔至 ϕ50mm。

试比较各加工步骤中 a_p 的大小。

解：钻孔（ϕ18mm）：a_{p1} = __D/2__ = __18mm/2__ = __9__ mm

扩孔（ϕ40mm）：a_{p2} = __(D − d)/2__ = __(40mm − 18mm)/2__ = __11__ mm

扩孔（ϕ50mm）：a_{p3} = __(D − d)/2__ = __(50mm − 40mm)/2__ = __5__ mm

$a_{p3} < a_{p1} < a_{p2}$

3. 扩孔方法

1）扩孔时，为了保证扩大的孔与先钻的小孔同轴，应当保证在小孔加工完工件不发生位移的情况下进行扩孔。

2）扩孔时的切削速度要低于钻小孔的切削速度，而且扩孔开始时的进给量应小，因开始扩孔时切削阻力很小，容易扎刀，待扩大孔的圆周形成后，经检测无差错再转入正常扩孔。

三、铰孔

铰孔是用铰刀从__孔壁__上切除微量金属层，以提高其__尺寸精度__和降低__表面粗糙度值__的方法，是钻孔和扩孔的后续加工。

1. 铰刀

（1）结构　如图5-17所示，铰刀由__柄部__、__颈部__和__工作部分__组成。铰刀的工作部分又由__切削部分__、__校准部分__和__倒锥部分__组成。

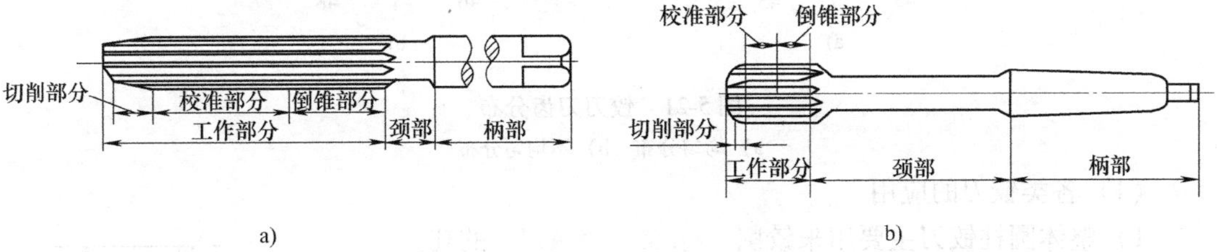

图5-17　铰刀结构

a）手用　b）机用

［注意］　铰孔只能提高孔的尺寸精度和形状精度，却不能提高孔的位置精度。

（2）分类

1）按使用方式可分为__手用__铰刀和__机用__铰刀。

2）按铰刀的容屑槽的形状不同，可分为__直槽__铰刀和__螺旋槽__铰刀（图5-18）。

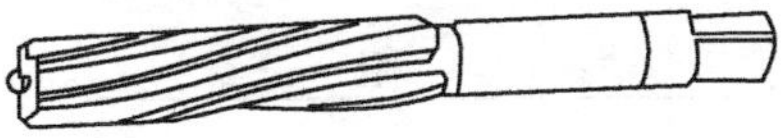

图5-18　螺旋槽手用铰刀

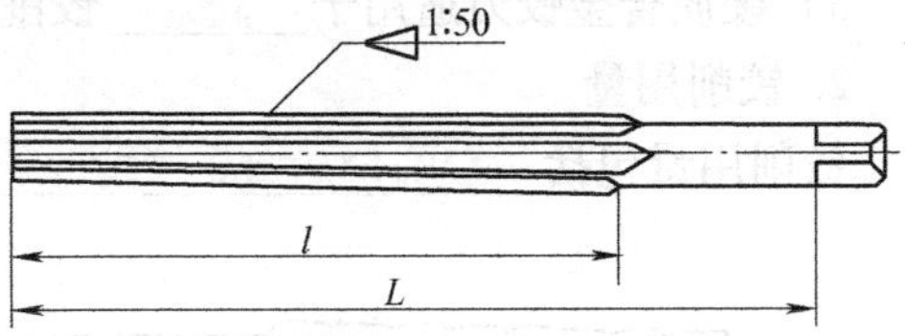

图5-19　锥铰刀

3）按孔的形状可分为__圆柱__铰刀和__锥__铰刀（图5-19）。

4）按结构组成不同可分为__整体式__铰刀和__可调节__铰刀（图5-20）。

（3）结构参数

1）切削锥角。切削锥角决定铰刀__切削__部分的长度，对铰削力和铰削质量有较大影响。

［注意］　由于定心等原因，手用铰刀的锥角比机用铰刀__小__。

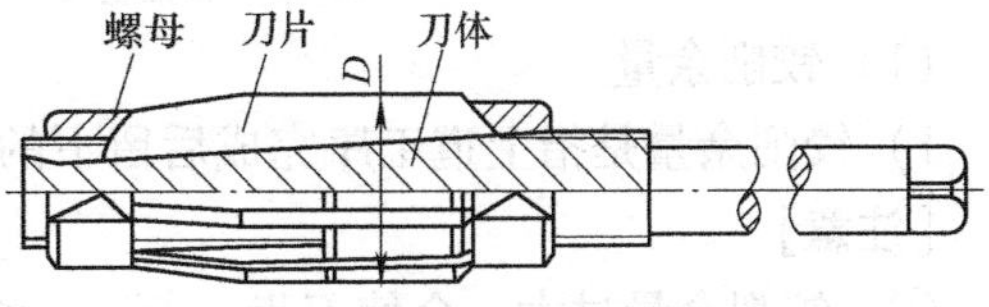

图5-20　可调节手用铰刀

2）倒锥量。为了避免铰刀校准部分的后部 摩擦 ，故在校准部分磨出倒锥。

[注意] 同等直径铰刀，机用的倒锥量 大 。

3）铰刀直径。铰刀直径尺寸一般都留有 0.005 ~ 0.02mm 的研磨量。使用者可根据实际情况自己研磨。

4）标准铰刀的齿数。为了便于测量铰刀的直径，铰刀的齿数多为 偶 数。

[注意] 一般手用铰刀的齿距在圆周上是 不均匀 分布的，如图 5-21b 所示。

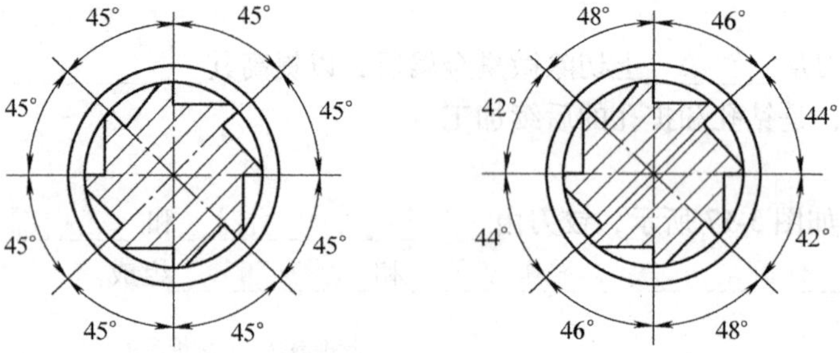

a)　　b)

图 5-21　铰刀刀齿分布

a）均匀分布　b）不均匀分布

（4）各类铰刀的应用

1）整体圆柱铰刀主要用来铰削 标准直径系列 的孔。

2） 可调节 铰刀主要用来铰削非标准孔。

3）锥铰刀用于铰削 圆锥 孔。铰孔前底孔应钻成 阶梯 孔，如图 5-22 所示。

[注意] 一般地锥铰刀制成 2 ~ 3 把一套，分 粗铰刀 和 精铰刀 ，如图 5-23 所示。

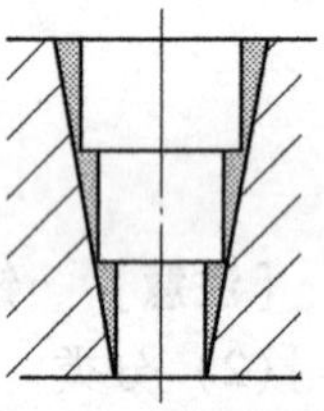

图 5-22　铰圆锥孔前先钻出阶梯孔

4） 螺旋槽 铰刀用于铰削有键槽的孔。

5）硬质合金铰刀适用于 高速 铰削和铰削 硬 材料。

2. 铰削用量

铰削用量包括 铰削余量（2 倍背吃刀量） 、 切削速度 和 进给量 。

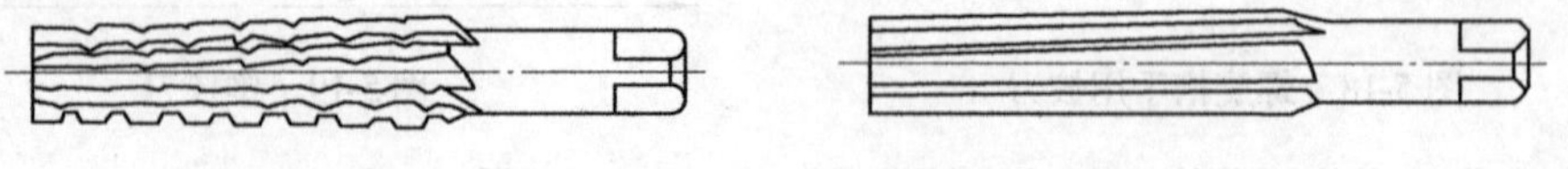

a)　　b)

图 5-23　成套圆锥铰刀

a）成套圆锥粗铰刀　b）成套圆锥精铰刀

（1）铰削余量

1）铰削余量是指上道工序完成后留下的 直径 方向的加工余量。

[注意]

① 铰削余量过大，会使刀齿 负荷 增大，变形 加剧 ，切削热量 增大 ，撕裂被加工表面，使孔的 表面 精度降低，表面质量下降，同时加剧 刀具 磨损。

② 铰削余量过小，上道工序的残留变形难以纠正，原有<u>刀痕</u>不能去除，铰削质量达不到要求。

2）铰削余量的确定，与<u>前一道</u>工序的加工质量有直接关系，因此确定铰削余量时，还要考虑工艺过程（铰削余量见表5-3）。

［**说明**］ 铰削精度要求较高的孔，必须经过扩孔或粗铰。

表5-3 铰削余量 （单位：mm）

铰刀直径	铰削余量
≤6	0.05~0.1
>6~18	一次铰：0.1~0.2
	二次铰、精铰：0.1~0.15
>18~30	一次铰：0.2~0.3
	二次铰、精铰：0.1~0.15
>30~50	一次铰：0.3~0.4
	二次铰、精铰：0.15~0.25

（2）切削速度 为了得到较高的表面质量，应采用<u>低</u>切削速度。

（3）进给量 机铰时，进给量要求比较严格；手铰时，进给量不能太大。

技能训练

一、工艺分析

1. 毛坯

毛坯为任务三完成后的零件。

2. 工艺步骤

1）钻两个底孔 ϕ6mm。

2）用麻花钻将螺纹孔扩孔至 ϕ8.5mm，将光孔扩孔至 ϕ7.8mm。

3）孔口倒角。

4）光孔铰孔至 $\phi 8^{+0.022}_{0}$mm。

5）在螺纹孔位置攻螺纹 M10×1.5。

二、操作要求

1. 用麻花钻扩孔的方法

用麻花钻扩孔时，由于钻头横刃不参加切削，轴向力小，进给省力，但是要控制进给量，不宜过大。

2. 铰孔的方法

由于铰孔时产生的热量容易引起工件和铰刀的变形，从而降低铰刀的寿命，影响铰孔的表面质量和尺寸精度，所以在铰孔时要选择合适的切削液（见表5-4）。

3. 铰削要点

1）工件要夹正、夹牢。

2）手铰时，双手用力要平衡，旋转铰杠速度要均匀，铰刀不得摇摆，避免在孔口处出现喇叭口或将孔径扩大。

3）手铰时，要变换每次停歇的位置，以消除振痕。

表 5-4 铰孔时切削液的选用

加工材料	切削液
钢	1. 10% ~20%（质量分数）乳化液 2. 铰孔要求高时，采用30%（质量分数）植物油加70%（质量分数）肥皂水 3. 铰孔要求更高时，用植物油
铸铁	1. 不用切削液 2. 煤油，但会引起孔径缩小，缩小量为0.02 ~0.04mm 3. 3% ~5%（质量分数）乳化液
铝	煤油，松节油
铜	5% ~8%（质量分数）乳化液

4）铰孔时，无论进刀还是退刀均不能反转。因为反转会将孔壁拉毛，甚至挤崩切削刃。

5）铰削过程中，如果铰刀被卡住，不能用力硬扳转铰刀，以免损坏刀具。而应取出铰刀，清除切屑，检查铰刀，加注切削液。进给要缓慢，以防再次卡住。

三、注意事项

1. 钻孔时易出现的问题（表5-5）

表 5-5 钻孔时易出现的问题

易出现的问题	产生原因
孔大于规定尺寸	1. 钻头切削刃不对称 2. 钻床主轴径向偏摆 3. 钻头装夹不好或者本身弯曲，钻头径向跳动大
孔壁粗糙	1. 钻头不锋利 2. 进给量太大 3. 切削液使用不当或者加注不足 4. 钻头过短、排屑堵塞
孔位偏移	1. 工件划线不准确 2. 钻头横刃太长，定心不准 3. 起钻过偏，而没有校正
孔歪斜	1. 工件上与孔垂直的平面与主轴不垂直，或者钻床主轴与工作台不垂直 2. 工件在安装时，安装接触面上的切屑未清除干净 3. 工件装夹不牢 4. 进给量过大，使得钻头弯曲变形
钻孔成多角形	1. 钻头后角太大 2. 钻头两主切削刃不对称、长短不一
钻头工作部分折断	1. 钻头用钝后仍继续使用 2. 钻孔时未经常退钻排屑，切屑在钻头螺旋槽内阻塞 3. 孔将钻通时没有减小进给量 4. 工件未夹紧 5. 在钻黄铜一类的软金属时，钻头后角太大，前角没有修磨小造成扎刀 6. 进给量太大

（续）

易出现的问题	产生原因
切削刃迅速磨损或碎裂	1. 切削速度过高 2. 没有根据工件材料来刃磨麻花钻角度 3. 工件表面或者内部硬度高或有砂眼 4. 进给量过大 5. 切削液不足

2. 铰孔时易出现的问题（表5-6）

表5-6 铰孔时易出现的问题

易出现的问题	产生的原因
表面粗糙度达不到要求	1. 铰刀刃口不锋利或有崩裂，铰刀切削部分和校准部分不光洁 2. 切削刃上有积屑瘤，容屑槽内切屑粘积过多 3. 铰削余量过大或者过小 4. 铰刀旋转不稳定 5. 切削液不足或者选择不当 6. 铰刀偏摆太大
孔径扩大	1. 铰刀与孔中心不重合，铰刀偏摆太大 2. 进给量和铰削余量太大 3. 切削速度太高
孔径缩小	1. 铰刀超过磨损标准，尺寸变小仍在使用 2. 铰削钢料时，加工余量过大，孔产生过大的弹性变形 3. 铰削铸铁件时加了煤油
孔中心不直	1. 铰孔前的预加工孔不直，铰削小孔时，由于铰刀刚性差，不能纠正原有的弯曲现象 2. 铰削时，铰削方向发生偏歪 3. 手铰时，双手用力不均
孔呈多棱形	1. 铰削余量过大和铰刀不锋利，使得铰削发生“啃切”现象，发生振动而出现多棱形 2. 钻孔不圆，使铰孔时铰刀发生弹跳现象 3. 钻床主轴振摆过大

检测与评价

表5-7 锉配凹凸体检测与评价表

序号	检测内容	配分	量具	检测结果	学生评分	教师评分
1	$20h8(^{0}_{-0.033})$	8				
2	$15h8(^{0}_{-0.027})$	8				
3	$60h10(^{0}_{-0.12})$	4				
4	$80h10(^{0}_{-0.12})$	4				
5	$15^{+0.027}_{0}$ mm	8				
6	$\phi8^{+0.022}_{0}$ mm	8				

（续）

序号	检测内容	配分	量具	检测结果	学生评分	教师评分
7	M10×1.5	4				
8	27mm	2				
9	36mm	2				
10	(24±0.5)mm	2				
11	⌯ 0.06 *A*	4×2				
12	⊥ 0.04 *B*	4×2				
13	⊥ 0.04 *C*	4				
14	▱ 0.04	4				
15	配合(10处)	2×10				
16	*Ra*3.2μm(12处)	0.5×12				
17	文明生产	违纪一项扣20				
合　计		100				

思考与练习

1. 简述千分尺的使用和保养注意事项。
2. 试计算图5-1所示凹形体部分的工艺控制尺寸。
3. 如果零件在配合检测中不合格，能否用锉配的方法再次加工，以使配合件达到配合精度要求？
4. 铰削余量为什么不能过大或者过小？
5. 常用的扩孔工具有哪两种？各有什么特点？

参考文献

[1] 温上樵,杨冰．钳工基本技能项目教程[M]. 北京:机械工业出版社,2008.

[2] 王兴民．钳工工艺学[M]. 北京:中国劳动出版社,1996.

[3] 曹元俊．金属加工常识[M]. 北京:高等教育出版社,1998.

[4] 蒋增福．钳工工艺与技能训练[M]. 北京:中国劳动社会保障出版社,2001.

[5] 葛金印．机械制造技术基础——基本常识[M]. 北京:高等教育出版社,2004.

[6] 厉萍．机械制造技术基础——技能训练[M]. 北京:高等教育出版社,2005.

[7] 闻健萍．钳工技能训练[M]. 北京:高等教育出版社,2005.

[8] 盛善权．机械制造基础[M]. 北京:机械工业出版社,1983.

[9] 尤祖源．钳工实习与考级[M]. 北京:高等教育出版社,1996.

[10] 机械工业职业技能鉴定指导中心．钳工技术[M]. 北京:机械工业出版社,1999.

[11] 机械工业职业技能鉴定指导中心．钳工常识[M]. 北京:机械工业出版社,1999.

[12] 机械工业职业技能鉴定指导中心．机修钳工技术[M]. 北京:机械工业出版社,1999.

[13] 劳动部教材办公室．钳工生产实习[M]. 北京:中国劳动出版社,1997.

[14] 于永泗,齐民．机械工程材料[M]. 大连:大连理工大学出版社,2003.

[15] 徐冬元．钳工工艺与技能训练[M]. 北京:高等教育出版社,1998.